U0350379

禅意东方

Feel the Eastern Zen Style —— Living Space

居住空间 XV

欧朋文化 策划
黄滢 马勇 主编

华中科技大学出版社
http://www.hustp.com
中国·武汉

元代文化：开疆拓土气魄雄，外贸广传青花韵，民生百态元曲中

十三世纪中叶，蒙古以其强大的军事武力，灭宋灭金，入主中原。1279 年，忽必烈率大军覆灭了汉族在南方的赵宋政权，进而控制了整个中国的土地。元朝是中国历史上第一个，也是唯一一个由北方草原游牧民族建立的统一王朝。元朝统治 90 多年，因战乱的洗劫，草原民族入主中原的文化差异，加之元朝社会治理水平低下，朝堂上简单粗暴，令社会经济发展迟缓甚至停滞，没有达到宋朝时的兴旺繁荣。

当然元朝也有其贡献，首先是扩大了中国疆域，收复云南，将西藏纳入版图，基本奠定了现在中国的版图，这是它对中国历史的第一大影响。元朝作为异族入主中原，对边疆统治的有效性与稳定性也得以提高。另外，元朝在中央设中书省总理全国行政事务的同时，在地方推行行省制，统辖地方军事、行政、财政事务等，对现代的行政管理体系影响较大。

在制度上，元朝对宋朝的衔接有很多断裂、更替以及简化。比如宋朝有十分发达的政府采购制度，对所需物品是拿钱到社会上采购，而元朝则变成了"诸色户计"制度，就是将政府所需产品指定一部分人专门生产，而且是世代生产，一些指定生产某种特殊产品的商家，不允许改行。

蒙元对中原的征服战给经济造成了严重破坏，后来虽然有所恢复，但人口指标和经济水平都还是未能达到北宋的水平。与前朝相比，有所进步的地方有：陶瓷方面出现青花瓷，农业上棉花种植的推广，生产技术、垦田面积、粮食产量、水利建设取得了一定的发展等。

相对前朝，元政府更加积极和有意识地发展对外贸易，成为政府增加财政收入的重要途径。特别是元青花瓷的外销数量、质量等方面，较宋代都有大幅度的增加和提高。现今土耳其和伊朗两国的博物馆里，还收藏着一些极为珍贵的元代青花瓷器。

◎《快雪时晴图》画芯

程朱理学确立统治地位，成为官学

程朱理学在元代思想界占统治地位。尊奉程、朱的理学家把"三纲五常"上升到世界本体的高度，理学日益成为维护封建制度的思想工具，"后之时君世主，欲复天德王道之治，必来此取法矣"（《宋史·道学传》）。元朝为了便于统治中原，开始利用儒学思想，理学成为官学。元朝的许衡、郝经、窦默等积极用世，在理学上"承流宣化"，不重玄奥。刘因、吴澄、许谦等人闭门冥索，高蹈不仕，理学学说趋于幽玄。陆学（"陆"指陆九渊）人物多屏迹山野，不改陆学"自识本心"的宗旨。这些理学家中，以许衡、刘因、吴澄最有影响，称为元代三大"学者"，许衡、刘因被称为"元之所以藉以立国者也"。为了更好地推行理学，理学家们采用避繁就简，兼取陆学"自识本心"的简易方法。如许衡自问自答地说："人与天地同，是甚底同？……指心也，谓心与天地一般。"这里所谓的"天地"是指宇宙本体，亦即天理。而"心与天地一般"，也就是人心就是天理。许衡提出"治生最高为先务"思想，重视民生日用。而刘因的"返求六经"和"古无经史之分"的经学思想，是明清经学思想的滥觞。

由于把朱熹的《四书集注》定为官本，理学成为官学，势必影响到整个社会的读书、讲学之风，上自帝王贵族，下至儒生庶民，崇儒风气大盛。"而曲学异说，悉罢黜之。"

◎ 传元人《画猎骑图》台北"故宫博物馆"藏

元曲

元曲又称夹心，是盛行于元代的一种文艺形式。元曲有着它独特的魅力：一方面，元曲继承了诗词的清丽婉转；另一方面，元代社会使读书人位于"八娼九儒十丐"的地位，文人投身于元曲创作中，绽放出夺目的战斗光彩，透出反抗的情绪，锋芒直指社会弊端，直斥"不读书最高，不识字最好，不晓事倒有人夸俏"的社会，直指"人皆嫌命窘，谁不见钱亲"的世风。元曲中描写爱情的作品也比历代诗词来得泼辣、大胆。这些均令元曲常葆艺术魅力。

元曲包括散曲和戏曲（杂剧和南戏），而杂剧以其艺术上的创造性、内容上的现实性，成为这个时代文学艺术的代表。

◎元 任仁发 《设色纸本》 35.5 厘米 ×212.5 厘米

散曲分小令和套数两种体裁

小令源于唐末五代。通常以一支曲子为一首，相当于一首单调的词，但可以将这支曲子再重复一遍，也可采用"带过曲"的方式，即续写一二个宫调相同而音律衔接的曲调。每句用韵，并加衬字，形成腔格固定、表达自由的特色。由不同曲牌同一宫调的若干支小曲联缀成套，称为套数或散套。散曲共有六宫十一调，共十七宫调。散曲曲调来源很广泛，有来自民间的"里巷之曲"，又有北方、西域少数民族的"胡夷之曲"。明人徐渭云："今之北曲，盖辽、金、北鄙杀伐之音，壮伟狠戾。武夫马上之歌，流入中原，遂为民间之日用。"（徐渭《南词叙录》）可见，元散曲是继承宋金人词，吸引民间俗曲和少数民族乐曲而形成的独具特色的新体文艺。元人杨朝英编《朝野新声太平乐府》和《阳春白雪》，选录元人散曲，传世至今。

著名的元曲作家前期有关汉卿、马致远、张养浩、卢挚、王和卿等人，后期有刘致、张可久、乔吉等人。张养浩的《山坡羊·潼关怀古》引人追思："峰峦如聚，波涛如怒，山河表里潼关路。望西都，意踌躇。伤心秦汉经行处，宫阙万间都做了土。兴，百姓苦；亡，百姓苦。"关汉卿的《窦娥冤》影响深远："有日月朝暮悬，有鬼神掌着生死权。天地也！只合把清浊分辨，可怎生糊突了盗跖、颜渊？为善的受贫穷更命短，造恶的享富贵又寿延。天地也！做得个怕硬欺软，却原来这般顺水推船！地也，你不分好歹何为地！天也，你错勘贤愚枉做天！哎，只落得两泪涟涟。"马致远的《天净沙·秋思》千古传唱："枯藤老树昏鸦，小桥流水人家，古道西风瘦马。夕阳西下，断肠人在天涯。"张可久的《折桂令·九日》也是妙辞佳作："对青山强整乌纱。归雁横秋，倦客思家。翠袖殷勤，金杯错落，玉手琵琶。人老去西风白发，蝶愁来明日黄花。回首天涯，一抹斜阳，数点寒鸦。"

元代少数民族曲家人才辈出，见于记载的有畏兀儿人贯云石、全子仁，回回人马九皋、萨都剌、丁野夫、兰楚芳、赛景初、金云石等，女真人奥敦周卿、王景榆等，蒙古人阿鲁威、杨讷等。其中马九皋之词，被评如"松阴鸣鹤"。而贯云石尤以散曲闻名，其号酸斋，与号甜斋的曲家徐再思齐名，后人将他们的作品合辑为《酸甜乐府》。朱权评其词如"天马脱羁"，姚桐寿称其"所制乐府散套，骏逸为当行之冠，即歌声高引，可彻云汉"（姚桐寿《乐郊私语》）。

元代戏剧包括杂剧和南戏两大系统

杂剧是我国历代歌舞艺术、讲唱伎艺长期发展而形成的新的戏曲形式。我国戏剧产生于唐代。自宋开始，一些大城市就曾建立勾栏、瓦舍，许多民间艺人在里面进行说唱表演。金中都的院本，就是宋代市民文学的继承和发展。元杂剧是在金院本和诸宫调基础上逐步形成的。

元杂剧把歌曲、宾白、舞蹈动作融合在一起，实际上是一种综合性的戏剧艺术。它以唱为主，唱词由同一宫调的套曲组成，句尾入韵，并有科（动作）、白（念白）相配合表述剧情。每一出剧通常分为四折，剧前或两折之间可加"楔子"。演出时由一个演员（正末或正旦）演唱到底，其他演员只作配合的科白。

杂剧初盛于山西、河北，大都（今北京）是前期杂剧创作和演出的中心。玉京书会等是大都创作剧本和唱本的团体。元代最有名的剧作家是关汉卿，被誉为"编修师首""杂剧班头"，自称"会插科，会歌舞，会吹弹""通五音，六音滑熟"（关汉卿《石伏志》）。其中《窦娥冤》《单刀会》《拜月亭》等闻名遐迩。王实甫的《西厢记》，《录鬼簿》中称之为"天下夺魁"。马致远的《汉宫秋》、白朴的《墙头马上》、郑光祖的《倩女离魂》、纪君祥的《赵氏孤儿》等，都是这个时代的名剧。明代以后"元曲四大家"就是指的关汉卿、马致远、郑光祖、白朴。

南戏又称"戏文"，原是浙江温州一带的地方剧，宋徽宗宣和年间开始流行，到南宋时已很兴盛。明祝允明说："南戏出于宣和之后，南渡之际，谓之温州杂剧。"（祝允明《猥谈》）入元后，"南戏"被当作"亡国之音"而遭受歧视。元中期后，由于杂剧转衰，南戏得到发展。南戏也由唱词和科诨组成。唱词多采自宋词和里巷歌谣，其曲调除民间曲调外，还有大曲、曲破、佛曲、舞队、影戏、鼓板、唱赚等，但不限宫调，不限折数，一剧演唱也不限一人，比较自由灵活。同时，它的声腔也有了发展，"腔有数样，纷纭不类。各方风气所限，有昆山、海盐、余姚、杭州、弋阳"。昆山腔是元末形成的，"善发南曲之奥"（魏良辅《南词引正》）的昆山人顾坚起了很大作用。海盐腔的首创者是畏兀儿人贯云石。高则诚的《琵琶记》在艺术上有一定成就；《荆钗记》《白兔记》《拜月亭》《杀狗记》被称为"四大传奇"。

元曲的体制在元代得以完善，现为以下六个方面：宫调、曲牌、曲韵、平仄、对仗、衬字。

◎ 赵雍《先贤图卷》

◎ 元 赵孟頫《秀石疏林图卷》

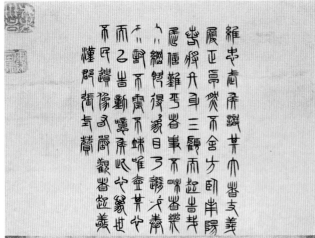

对于元代的诗词，后人的评价是这样的："元诗尤繁富观，诸作者多宗温（庭筠）、李（商隐），间学长吉（李贺），其病为纤浓，为繁缛。""元诗矫宋流弊，而失于多学晚唐，然其佳者则婉转惆怅，附物切情，工整而流逸，清新而秀丽，虑周藻密而不涉于粗疏，意深韵远而不失之径直。"

元初诗坛，北方以耶律楚材、刘秉忠、许衡等为代表，风格淳朴；南方如方回，宗江西诗法，戴表元力主变宋代精细清新句法。

元代中期进入了元诗的繁荣时期。"大德延祐间，松雪（赵孟頫之号）尔雅风流，实为倡始"。继而虞集、杨载、范亨、揭傒斯，号称"诗歌四大家"。他们的作品讲究典雅清新，内容多为应酬闲逸之作，比较空泛。此外马九皋、萨都剌的诗也颇负盛名。尤其是萨都剌的诗，敢于触及时事，表露自己内心的爱憎，如《鬻女谣》《江南怨》《征妇怨》等揭露了官府的腐败和民众的苦况，给诗坛吹带来新的风气，他还善作词，《念奴娇·登石头城次东坡韵》和《满江红·金陵怀古》就是豪迈慷慨，抒情写景的佳作，展示一首如下：

《念奴娇·登石头城次东坡韵》
——萨都剌

石头城上，望天低吴楚，眼空无物。
指点六朝形胜地，惟有青山如壁。
蔽日旌旗，连云樯橹，白骨纷如雪。
一江南北，消磨多少豪杰。
寂寞避暑离宫，东风辇路，芳草年年发。
落日无人松径里，鬼火高低明灭。
歌舞尊前，繁华镜里，暗换青青发。
伤心千古，秦淮一片明月！

元朝后期的诗坛以杨维桢最为著名，其诗号称"铁崖体"，其七古歌行追求新异，竹枝词清新通俗。作品中不乏现实主义作品，如反映盐民悲惨生活和揭露盐商骄奢淫逸的《盐商行》等。王冕的诗也有不少揭露元末社会矛盾的，如《伤亭户》《江南妇》等。

◎ 赵孟頫《诸葛亮像》

◎ 元 赵孟頫《竹石幽兰图卷》28 厘米 ×400 厘米

元代书画

元代没有设画院，画家多是士大夫或在野的文化画家，他们创作自由，因而摆脱了南宋画院刻意求工、注重形似的形式主义习气，多表现自身的生活环境、情趣和理想。文人画占画坛主流，山水、枯木、竹石、梅兰等题材大量出现，直接反映社会生活的人物画减少。作品强调文学性和笔墨韵味，重视以书法入画和诗、书、画的三结合。在创作思想上继承北宋末年文同、苏轼、米芾等人的文人画理论，提倡遗貌求神，以简逸为上，追求古意和士气，重视主观意兴的抒发。元代绘画抽象简阔，且气势恢宏，草木灵动，至今仍然是中国画的主要流派，有力地推动了后世文人画的蓬勃发展。在元代短短90余年内，画坛名家辈出，其中以赵孟頫、钱选、李锘、高克恭、王渊等和号称"元四家"的黄公望、吴镇、倪瓒、王蒙最负盛名。

元代绘画以山水画为最盛，元初山水画家以钱选、赵孟頫、高克恭为代表，托复古以寻求新路。开一代风气的大画家赵孟頫主张"不求形似"，广泛吸收名家之长，强调书画同源，并将书法用笔引入绘画创作中，形成多种面貌。他早年学晋唐，多青绿设色，如《谢幼舆丘壑图》，空勾填色，不加皴点，格调古拙；46岁以后赵孟頫师法五代董源和北宋李成、郭熙，以水墨为主，有时将水墨与青绿画法有机结合，一扫南宋院体积习，发展了山水画的表现技法，成就突出。

赵孟頫作为元代书画的巨匠，提倡人物画要继承唐人技法，山水画要学五代人董源、巨然。他作画精于山水、木石、花竹、人马，并以书法笔调写竹，用"飞石"法画石，自成清腴华润的风格。他的书法用笔圆转流美，骨力秀劲，

世称"赵体"，"篆、籀、分、录、真、行、草书，无不冠绝古今，遂以书名天下"（《元史·赵孟頫传》）。赵孟頫爱画马，有《浴马图》《人骑图》《奚官调马图》《秋郊饮马图》等作品传世。其中，《浴马图》画面共绘奚官九人，骏马十四匹，场面宏大，马姿生动多变，各不相同，但皆悠闲自在。奚官也是姿态各异，流露出爱马如命、尽守职责的神态。赵氏用笔纤细准确，不但人物须眉清晰、衣纹飘逸，连人马站在水下的部分亦以淡笔表现出来，以见湖水之清澈。

《调良图》亦是名作，白描画一人一马，在疾风中，衣袖与鬃须随风飘扬飞动。画中的人马，用细劲的中锋笔法描绘，生动而传神，呈现豪迈而沉潜的意态，笔意精练而神形俱全。

赵孟頫的人物画一样传神，如《红衣罗汉图》描绘的是西域僧人趺坐之状，深目高鼻、浓髯重耳，一手作平伸说法相，宁静而和睦，又不失庄重慈祥之态。僧人的红垫、红屐，皆刻画得很工细，尤其是脸部，肤色细腻，落笔精巧，质感强烈，形象生动。

高克恭也是元代负有盛名的画家，他学画"始师二米（米芾、米友仁），后学董源、李成，墨竹学黄华，大有思致。怪石喷浪，滩头水口，洪琐泼染，作者鲜及"。时人将他与赵孟頫并提，有"近代丹青谁最豪，南有赵魏北有高"之说。

元代中后期，崛起倪瓒、黄公望、吴镇、王蒙这四大家。

◎ 赵孟頫《浴马图》

倪瓒之画常有很多题跋，抒发画家的胸中逸气，他在自题画《墨竹》中说："余之竹聊以写胸中逸气耳！岂复较其似与非，叶之繁与疏，枝之斜与直哉！"这种写胸中逸气而不求形似的风格，正是元代绘画的特征。倪瓒55岁时创作的《渔庄秋霁图》极负盛名。画卷描绘江南渔村秋景及平远山水，以其独特的构图显露个人特色，即所谓的"三段式"。画面以上、中、下分为三段，上段为远景，三五座山峦平缓地展开；中段为中景，不着一笔，以虚为实，权作渺阔平静的湖面；下段为近景，坡丘上数棵高树，参差错落，枝叶疏朗，风姿绰约。整幅画不见飞鸟，不见帆影，也不见人迹，一片空旷孤寂之境。中国画极为讲究笔法。倪瓒在前人所创"披麻皴"的基础上，再创"折带皴"，以此表现太湖一带的山石，如画远山坡石，用硬毫侧笔横擦，浓淡相错，颇有韵味。其画中之树也用枯笔，结体有力，树头枝丫用雀爪之笔型点划，带有书法意味。画的中右方以小楷长题连接上下景物，使全图浑然一体，达到诗、书、画的完美结合。倪瓒平实简约的构图、剔透松灵的笔墨、幽淡荒寒的意境，对明以后的文人画家产生很大的影响。

黄公望发展了赵孟頫的水墨画法，并上追董源、巨然，多用披麻皴，晚年大变其法，自成一家。其作品有浅绛和水墨两种面貌。他的浅绛山水，烟云流润、笔墨秀逸、气势雄浑；水墨山水，萧散苍秀、笔墨洒脱、境界高旷，其韵致高于赵孟頫。

吴镇的山水树石以董源、巨然为归，间及荆浩、关仝，多用湿笔，笔法雄劲，墨气浑润。题材以《渔父图》为多，主要描写江南湖山景色，表现画家避世幽居、浪迹江湖、寄兴山水的隐士生活。作品往往题以秀劲潇洒的草书诗词，使诗书画相得益彰。

王蒙是赵孟頫外孙，除受赵孟頫影响外，也曾得黄公望指点，又直窥董源、巨然画法。他的山水画以水墨为主，间或设色，善用枯笔，创牛毛皴、解索皴法。其作品布局饱满、结构茂密，山峦多至远近10层，树木不下几十种，笔法苍浑，有蓊郁秀逸、浑厚华滋之致。

此外，钱选善人物花鸟，任仁发善人物鞍马，王冕善梅竹，著有《梅谱》一卷。书法与赵孟頫齐名的是康里人崾崾，"善真行草书，识者谓得晋人笔意，单牍片纸，人争宝之，不翅金玉"（《元史·崾崾传》）。边鲁、普颜不花、丁野夫、萨都剌亦善画。

元代人物画，远不如山水、花鸟画兴盛，与前代相比，日渐式微。后随着宗教的风行，在佛道人物画方面，有一定提高。

◎ 《朝元图》局部

◎ 元 赵孟頫《红衣雪域僧》

元代人物画家中，赵孟頫为一代大家，他善画人物、鞍马，师法晋唐和北宋李公麟，善用铁线描和游丝描，笔法劲健，设色清雅，格调古朴浑穆，面貌多样。其他名家还有刘贯道、何澄、王振鹏、钱选、任仁发、张渥、卫九鼎、王绎、颜辉等人。刘贯道师法晋唐，集古人之长，笔法凝重坚实，人物意态舒畅，为元初高手。何澄继承南宋院体遗规，开元代人物画逸笔先路。王振鹏师法李公麟，笔法流畅劲健，人物神情生动，白描间以淡墨渲染，突破了一般只用线描的程式。钱选人物画学自晋唐，衣纹多用顾恺之高古游丝描，工稳而不板滞，蕴清秀于古拙，自成一种格调。任仁发人物鞍马师法唐人，笔法工细流畅，笔调明快清丽，保留了较多的唐人传统，但亦有自己风貌，在元初与赵孟頫齐名。张渥以画白描人物见长，师法李公麟，用笔流畅飘逸，形象真实，栩栩如生，被誉为"妙绝当世"。王绎善画肖像，笔法细劲，造型准确，神态生动，在元代肖像画家中成就最为突出。颜辉在宗教人物画方面，负有盛誉，他用笔粗润豪放，略近南宋梁楷泼墨法，于水墨晕染中现出凹凸效果。

元代枯木、竹石、梅兰等题材的绘画，随着文人画的兴盛，得到了进一步的发展，并发生显著变化。其题材往往寓意高洁、孤傲，寄托画家的思想情操。艺术上讲求自然天趣，不尚雕饰和工丽，提倡以素净为贵，主要用水墨技法表现。其画风开启了后来的水墨写意花鸟画的先声。著名花鸟画家有钱选、陈琳、王渊、张中等人。他们在继承宋代院体花鸟画的基础上各变其法。钱选变工丽细密为清润淡雅，晚年更创不假雕饰的水墨写意和彩色没骨的画法。王渊师法黄筌，作品多用水墨法，变工整富丽为简逸秀淡，是元代成就最突出的花鸟画大家。陈琳、张中笔法粗简，突破了宋代院体绘画一丝不苟的规格。竹石画家最著名的有高克恭、赵孟頫、柯九思、吴镇、顾安、倪瓒等人，大都继承文同、苏轼或王庭筠的传统而有自己特色，以水墨法见长。张逊善画双钩竹，在元代几成绝响。其他竹石名家尚有李倜、谢庭芝等人。以画梅著称者有邹复雷、王冕等人，他们多学自仲仁和尚和杨无咎。邹复雷笔法雄秀洒脱、墨气清润。王冕墨梅枝干挺秀，笔法简洁，深得梅花清幽之致。

元代壁画比较兴盛，分布地区也很广，在继承唐宋和辽金壁画传统基础上亦有新的变化，因而取得很高的艺术成就。从实物遗存和文献记载看，有佛教寺庙壁画、道教宫观壁画、墓室壁画、皇家宫殿和达官贵人府邸厅堂壁画。寺庙、宫观壁画的题材内容以佛道人物为主，殿堂壁画大都描画山水、竹石花鸟，墓室壁画主要反映墓主人生前生活，有人物，也有山水、竹石、花鸟等。山西洪洞县广胜寺明应王殿元代杂剧演出壁画，为人们提供了十分生动的杂剧演出情况和舞台设计、服饰等珍贵资料。山西永济县永乐宫壁画是中国乃至世界绘画史上罕见的巨制，其中三清殿《朝元图》一套朝谒道教最高尊神元始天尊的壁画，全部构图计人物 286 个，每个人像高 2 米以上，在形象造型和构图设计上都达到了相当卓越的水平，勾线劲紧有力而又宛转自如，流动飘荡而又严谨含蓄，绘画技法极为精湛成熟。

◎ 元 王蒙《葛稚川移居图》（轴二版）纸本 139.5 厘米 ×58 厘米

元代青花瓷

2005年7月12日，元代"鬼谷下山"图青花瓷罐在佳士得拍卖专场上，拍出1 568.8万英镑（约2.45亿元人民币），创下当时亚洲艺术品拍卖的最高成交价。

中国瓷器源远流长，以青、白、黑、蓝诸色而闻名于世，青花瓷在唐代已经诞生，但并没有形成主流，宋代时鲜制，因为宋代名窑辈出，以工艺的精湛和装饰风格的内敛闻名，达到了瓷器制作的巅峰。

元代瓷器的发展延续了磁州窑、钧窑、哥窑、龙泉窑等名窑的工艺，创造了卵白釉瓷、枢府釉瓷、祭蓝釉瓷、釉里红、青花瓷等几十种新品种瓷器。元青花的釉面先后有三种：影青釉、白釉、卵白釉。元代景德镇最具中国特色的要数元青花和元釉里红瓷器。

青花瓷是一种用钴料直接在瓷胎上绘制花纹，再施以透明釉，在高温下一次烧成，呈现蓝白相间效果的釉下彩瓷器，以色调明快典雅、釉面光洁莹润、纹饰丰富，弥久犹新，受到各国人民的普遍喜爱。

元代是南北文化大融合的激烈时期，碰撞的结果是形成了旷达豪放的元代艺术特色。元青花瓷大改传统瓷器含蓄内敛风格，以鲜明的视觉效果，简明畅快的构图，浑厚豪迈的气势，将青花绘画艺术推向顶峰，确立了后世青花瓷的繁荣与长久不衰。

元青花瓷造型独具特色。从制作工艺上看，此时出现了胎体厚重的巨大形体，如大罐、大瓶、大盘、大碗等。但也有精细之作，如胎体轻薄的高足碗、高足杯、匜、盘等。在元代社会，青花瓷还没有成为宫廷或人们日常生活的必需品，除酒具、明器外，主要产品是对外输出，因此元青花瓷的造型有一定特殊性，其原因乃是为了满足不同地域、不同生活习惯使用者的需要。而元时生产的小型器皿如小罐、小瓶、小壶则多销往菲律宾。除了外销，元青花生产者对内为了符合元代社会生活习俗还生产了中小型瓶、炉、笔山、高足碗、连座器等。

青花与刻花、印花、瓷塑、浅浮雕等多种技法相结合，绘画充分发挥蓝白的艺术效果，有白地青花、蓝地白花或青花线描几种风格。刻花线条粗犷有力，印花线条圆润耐看，浅浮雕效果立体感强。其中，元青花纹饰绘画方法以平涂为主，结合勾、皴、点、染技法，线条苍劲有力，显示出元代工匠高超的绘画才能。

清代龚轼曾盛赞青花瓷："白釉青花一火成，花从釉里透分明。可参造化先天妙，无极由来太极生。"但是，在中国早期的陶瓷艺术研究领域还没有元青花的一席之地。由于元青花在14世纪输出到西亚、南非、欧洲等地，现世发现的元青花瓷反而以在土耳其王宫里收藏的数量最多、质量最精。直到20世纪50年代，美国学者波普以青花云纹象耳瓶为蓝本进行研究，才揭开了元青花研究的序幕。元青花瓷被视为汉族文化、蒙古族文化、伊斯兰文化的结晶而受到重视，加之存世数量稀少，被收藏界视为珍宝。

元青花瓷在装饰上构图巧妙、色彩稳重、釉下绘画灵动，因而具有极高的艺术价值。元代青花的装饰特色表现为构图严谨、繁复密集、层次多、画面满、留白少，一件器物往往多达七八层甚至十层。各装饰带之间主次分明，浑然一体，给人以和谐完美、富丽典雅之感。另外，在辅助纹样上，变形莲瓣纹的使用数量最多，应用范围最广，无论是肩、腹还是盘心，都显得协调自然。

在装饰图案上，元青花纹饰基本上以中国传统图案为主，植物类有牡丹花纹、莲花纹、菊花纹、松竹梅纹、月梅纹等。除以上主花外，在组合图案中还出现牵牛花、山茶花、海棠花、月季花、枣花及萱草、灵芝、芭蕉或竹石葡萄、瓜果、草虫等作画面衬托。动物类有龙纹、凤纹、麒麟纹、鱼藻纹、鸳鸯卧莲纹、孔雀纹、鹿纹、海马纹等。其中元代龙纹极具特色，身躯细长如蛇，龙头呈扁长形，双角，张口露齿，细长颈，四腿细瘦，筋腱凹凸，爪生三指、四指或五指，分张有力，肘毛、尾鬃皆呈火焰状。

元青花中的人物纹别出心裁，并与戏剧相结合，主要类型有历史题材、民间传说、教化故事等，呈现一种新的艺术境界，具极强的感染力，这是其他时代无法比拟的。

元青花的辅助纹饰品种繁多，有图案性质的写实内容或几何纹样。明以后，青花瓷纹饰大多沿袭元青花画法，但略见变异。元青花常见的辅助纹饰有缠枝花、波浪、变体莲瓣、云肩、卷草纹、钱纹、菱形、蕉叶、锦纹、如意云头、回纹等。

现存武汉博物馆镇馆之宝的四爱图梅瓶，是元代青花瓷装饰人物的代表性器物。梅瓶以小口、短颈、丰肩、瘦底、圈足为特色，因为瓶小只能插梅枝而得名，在宋时称为经瓶，常作盛酒用器，要求造型优美。四爱图梅瓶瓶高38.7厘米，口径6.4厘米，底径13厘米，小口外撇，短颈丰肩，胎白体重，施白釉，绘青花，腹部饰青花四爱图：王羲之爱兰、陶渊明爱菊、周敦颐爱莲、林和靖爱梅鹤。足部饰仰覆莲纹，三层纹样以卷草纹、锦带纹为界。白釉泛青，色彩青翠艳丽，是罕见的元青花精品。

从元代至明清和现代，青花瓷无疑成为中国瓷器的主流品种而风靡了世界数百年之久，直到现在仍然没有脱离元代瓷器开创的影子，这不得不说是一个文化奇迹。

参考资料：

百度文库，《元朝文化的发展》，张书林
百度文库，《浅谈元代青花瓷兴起的文化背景》，谢本贵
百度百科
艺术百科
360doc《元代窑藏青花釉里红瓷器的装饰》
新浪博客《观首博元代青花瓷文化展》

目录 Contents

住宅空间　Residence Space

酒店、会所及其他 Hotel, Club and Others

境徑欲頒注冥二
頒田其不見武昌
樊口佳絡冥東
彼先生省五年
春風搖撼江天澄
暮雲卷雨山煩
丹十颭稼伴
松宿長松寫
鷺畫眠楸花

住宅空间
Residence Space

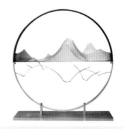

二木
Two Wood

项目名称：郑州美景东望别墅
项目类型：样板间
主案设计：琚宾
参与设计：刘胜男、葛丹妮、陈道麒、
聂红明、秦雅文
撰　　文：琚宾
摄 影 师：井旭峰
项目面积：600 平方米

设计师向来喜欢给项目起名字，带着各种期许与设定，或许已不仅仅只限于拟人化，且要好看、耐看，要有性情、气质，要不同俗、不自媚，要能满足功能需求、有精神层面的寄托，还要能随着时光变、年岁增、科技日新月异地更新……在这种标准下，设计确实是件永无止境的事，当然，乐趣也伴随始终。这套叫"二木"，比起"小白"（"小白"：另一项目名称），是另一种角度的"素"，进入室内会感觉更自在、更放松。

一层和地下一层都有庭院，其实"二木"的命名及其包含的基调本身，也是源于庭院基础。于是堆草成坡，有褶皱，去起伏，有显有藏。各类树木移来的时日尚短，还未葱葱，但从枝丫上也能想象出全盛时的模样。叠石为山，就在筑得的小池那端，映得一池子水都深了起来。其后的岁月里，白墙会有雨迹、苔痕，光阴混进去，这小山小水也就成了大写意大山河。院子里种了枫、银杏和松，随着季节，庭院里素山、绿水、红叶、黄花、白果、浅草地交替或同时出现，想来也是一种不错的体验。春云淡似烟，参差绿到冬，至于落雪，估计又是另一番景象了。

梧桐树南
郑光祖

情山远，意波遥，
咫尺妆楼天样高。
月圆苦被阴云罩，
偏不把离愁照。
玉人何处教吹箫，
辜负了这良宵。

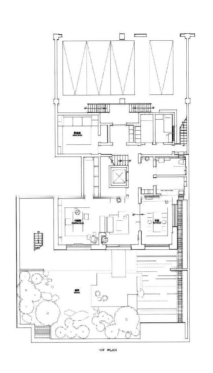
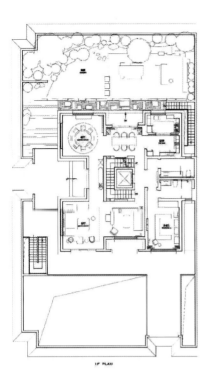
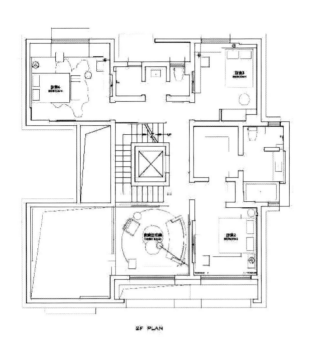

-1F PLAN

1F PLAN

2F PLAN

双客厅、双厨房，面积都不大，却相互呼应。中空挑高，二楼起居室与楼下对望。空间关系有模糊的交织，有相互的连续和呼应。用美学的视角借着材料在天、地、墙以及家具间游走来建构体块关系，靠这种建构来承载多元且丰富的空间情感，结合地域去描绘出倡导的生活方式。从回望传统文化的绘画里，演绎出独特且适合的图案，是建构载体上的一处不经意的风景，是隐喻，也是表述。

如果说"小白"属于当代的设计思考，有着距离感以及对未来的期许，用的是极简的表述方式，那么"二木"用的则是东方的思考方式，有着天然的亲近感。东方人喜欢用木来构建，从白屋到朱楼，从庙宇到殿堂，王朝更迭、家族兴盛，修葺、重建……木的品级有区分，而本质并无差别。木材本身有生命、有温度，和人的关系是多重的，既关乎自然，又关乎时间。

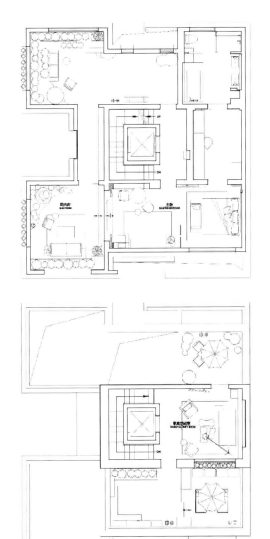

设计师一直希望空间剥离社会属性，让空间与材料回归本身。以材料的特性，辅以人工，或单一或混合，寻求一种平衡的状态，让其只为空间所用，以一种最基本的方式诠释对人与自然关系的理解。让我们只在意内部空间和材料之间的、经美的方式过滤过的最本质的建构对话。

"二木"没有对抗，也没有显性物质的标榜，有的只是属于生活层面对本真的思考；是剥离文化，追问本质和精神诉求之后的建构。在最终构建完成后，内部家具有几种形态与之呼应：藤编、布艺、皮沙发、木头与玻璃配搭成的桌几等，以其多元共生的复杂性去承载对空间的思考。艺术是空间的眼，使"形式"的完整性得以充分体现，用空间的气韵去触碰人对空间的感受，寻找与自然触动时的那种互动情感交流。最后呈现的是易居且宜居的空间，极为舒适。

可以想象"二木"在未来岁月中涤荡出的温润，素色墙壁与时光形成的绝妙调和感，整个空间应当还会衍生出一种清雅的气息。空间洁净、宁谧，同时又生机勃勃。人在其中，看云流走、鸟飞去，光影缓动，长风徐来。

项目名称：北京金茂府
软装设计：设计四组 & 方案组 @LSDCASA
软装事业部
硬装设计：朱周空间设计
项目面积：470 平方米

现在任何一个城市，它展示给我们的那一面，几乎都是千篇一律——奇形怪状的"标志性"建筑，耀眼的玻璃幕墙，而所谓的"地方个性"被拆解成残留的形式和概念，用廉价的材料高高挂起，骗取纷至沓来的游客到此一游。

在被全球化车轮裹挟着向前的中国，强势文明在无时无刻地影响我们，趋同的文化环境和潮流，挟持了城市记忆和温度，改变着我们的建筑、设计和意识形态。

北京金茂府地处天坛正南，开发商希望这个项目的出现，能够构建城市生活机能体及城市修复、更新的崭新样本。这就需要设计去承载一些城市的记忆，而又不能流连于过去。

直面本土，直面现代——这是设计的出发点。对于城市记忆的居住观念，如老胡同和四合院，设计师提取它的精神诉求，比如家庭伦理的秩序和人情的温度，融入现代居住环境和空间格局之中，离开形式，从情感层面直切内心。

客厅设计更加偏向舒适的功能性，空间开阔明亮，大面积以灰白打底，混合绿色和橘色对比的色彩搭配，家具款式呼应空间的简洁，线条亦十分直接、干脆，似乎没有一丝多余，看似不经意的搭配之下，一切浑然天成。

人月圆
春晚次韵
张可久

萋萋芳草春云乱，

愁在夕阳中，

短亭别酒，

平湖画舫，

垂柳骄骢。

一声啼鸟，

一番夜雨，

一阵东风。

桃花吹尽，

佳人何在，

门掩残红。

"山"形元素的吊灯赋予了餐厅别样的气质，餐具的摆放，采用更加艺术化的形式，呼应整个居所的格调。在饰品选择上，植入枯山水等元素，极强的现代感与东方美学结合，呈现出品质与艺术的和谐统一。

一个家的质地与风情，或许从选址时就已经开始，不论是空间、家具、艺术品，还是风水、气韵和主人的生活方式。一个家的质感，需要每一个选择、每一次动作，甚至每一份情绪来共同编织。

主卧是主人尽情放松的私密之地，以或深或浅的灰色及凹凸质感的布艺自外而内导入，恰到好处点缀的橘色，令室内装置与材质建构的语汇之间，产生一种与简单、纯粹、舒适共鸣的对话形式。

男孩房以"冰球"为空间主题，蓝色和红色的俏皮搭配，充分把这个大男孩跳脱欢快的性格表现出来。

女孩房则以粉色的柔美基调打底，轻柔舒适的窗帘，少女感十足，恰到好处的饰品轻柔地点缀，营造一个不愿醒来的温馨美梦。

　　地下一层、地下二层是为每个家庭成员制造快乐记忆的公共场所，健身区面对落地玻璃窗，可以看到一整面生态墙，让人身心放松。瑜伽室可以在每天清晨迎来第一缕阳光，这里也是避开复杂、争吵和喧嚣的世外桃源，让心得到慰藉的地方。

　　最值得一提的是，地下一层通过一个充满童趣的滑梯与地下二层相连，为孩子们构建一个欢乐的天堂。不远处则是攀岩墙的设计，将孩子的活动空间从地上巧妙地挪到墙上，节省了空间。在这样的功能布局上，孩子和家长有了更为良好的互动性。

　　为了延续"院"的概念并把"景"影射进室内，设计师将设计让位于自然光，通透的天井将自然光顺势带下，又有垂直挑高生态雨林墙与之呼应，临摹出一派闲适自在的景象。

灵性东方，温润中式

The Oriental, the Chinese Style

项目名称：郑州康桥悦蓉园新中式墅院
项目客户：郑州康桥房地产有限责任公司
设计公司：深圳市戴勇室内设计师事务所
软装设计：深圳市布鲁盟设计有限公司
摄 影 师：B+M Studio 赵宏飞
项目地点：河南郑州
项目面积：380 平方米
主要材料：瓦尔赛金云石光面、米黄石、胡
桃木饰面、胡桃木地板、地毯、布艺、皮革

　　康桥悦蓉园，以"新中式墅院"风格的规划，成为整个区域迄今为止唯一的新中式住宅项目，以"建筑匠心、服务安心"赢得市场赞誉。滨水与东方齐聚，中式美学与都会美誉碰撞。将以超高绿化率、新中式风格建筑、东方意境园林景观惊艳登场。

　　项目融入东方沉稳灵性，用时光的痕迹细腻刻画温润与沉静，运用摩登东方语言营造当代人文雅致，探寻这片天地不可复制的人文意蕴。

　　本案 A1 户型为复式墅院，用中式语境结合郑州当地文化以当代设计手法让新中式的格得以再次升华，满屋温暖的色调平静人心，让人感觉柔软温和。

　　客厅中，大面积胡桃木饰面与枣红色背景墙相得益彰，质朴中彰显高贵。茶白的清新自然、赭石的稳重硬朗，犹如在山水意境之中。布艺质感的材质舒适而温婉，石材茶几被精巧绝美的饰品轻微点缀，让空间在质朴雅致的意境中又提炼出一丝当代气质与空间契合，不多不少、恰当刚好。餐厅依旧以成熟的马鞍棕为底色，精炼简洁的现代线条，勾勒出沉稳温馨的餐厅，富有层次的金属几何线条天花、大理石餐桌与暗红布面实木餐椅，配合新颖的纯白吊灯，凸显出餐厅的奢华氛围。

　　别墅的二层为主人套间、长辈房和小孩房。主人房延续整体色调,沉静典雅,简洁有力的设计语言巧妙地营造优雅、舒适、富有艺术底蕴的空间。背景墙的水墨画意境清丽隽永,却新奇别致,完美地呈现静谧典雅的气质氛围。布艺的大床、雅致的枣红色床头柜,加上陶瓷花瓶和几株花艺,再配上两盏砂质灯,于古典中透出一点小浪漫,优雅中彰显出家的温馨。私密的卧室延续整个空间的清雅与平和,空间色彩之间、形式之内无一不体现出东方人文的演变与糅合。

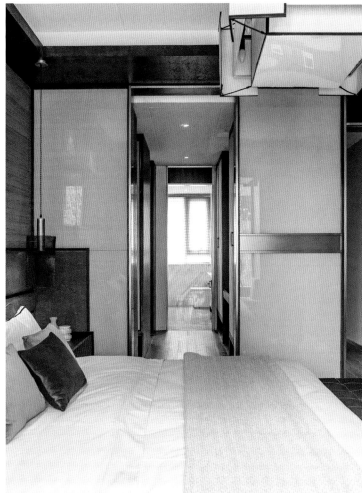

拾级而下，夹层为影音室与健身区，专业的音画影视设备让主人在家就可以拥有豪华私人影院，配套齐全的健身设备则让主人在家也能劳逸结合。

地下二层主要划分出四大空间，左侧为酒窖和艺术品收藏区，右侧则为书房与品茶区，整个空间在休闲、娱乐和工作上找到了一个过渡与平衡点，流线清晰而灵活。书法区与品茶区满墙的书柜营造出沉稳的空间氛围，错落摆放着各种艺术藏品，反映出主人的尊贵身份。超豪华酒窖内配有恒温红酒柜、实木造型通透红酒柜及吧台，完美满足业主的收藏与会客需求。

行头
Wardrobe

项目名称：郑州美景东望
项目类型：别墅样板间
主案设计：琚宾
参与设计：刘胜男、陈道麒、葛丹妮、聂红明
撰　　文：琚宾
摄 影 师：井旭峰
项目面积：500 平方米

行头，是个很有趣的概括词，这表露的不止是财力、能力、鉴赏力，置办的也不仅仅是衣物、饰物等衍生物，还是一种生活态度的体现，是种个性、品位的彰显。

"行"字在《广韵》里有三个小韵，四个反切。"行头"作动词和副词讲，表示行在前，领头位，引申为占着高地当着先。作为名词讲，则是正式专业的装扮、装备，还有各色体貌风度、各地方言口音等。样板间就是一套行头，或套用来聚焦，或借用来表演。

奇装异服、肃穆端庄都是种表现形式，而形式背后的复杂逻辑则构成了形式语言的在地性。建在郑州定位高端的别墅，注定是要与中国文化发生关系的。

每每谈到"极简"时，我们总会想到密斯，念起约翰·帕森，凑巧设计师最近对蒙特里安又极为青睐——这些缘起，随机汇集反应后就指向并建构成了现在的空间效果，或为肋骨，或为裙摆。它是一种多方位多种声音汇集后的平衡，一种经文化碰撞市场推理过的策略，一段讲顺了的故事。当然，其中的细节里包含了专业设计的逻辑和方法，以及多年的喜好和经验的累积。

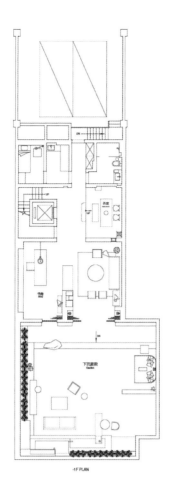

-1F PLAN

1F PLAN

2F PLAN

3F PLAN

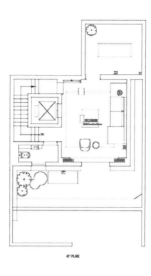

4F PLAN

春风笑，润绿珠

Spring Breeze, Green Bead

项目名称：成都万科翡翠公园别墅样板间
硬装设计：深圳创域设计有限公司
软装执行：殷艳明设计顾问有限公司
设 计 师：殷艳明
参与设计：文嘉、万攀、周燕黎、周宇达、梁深祥
项目地点：四川成都
项目面积：450 平方米
主要材料：玉石、茶色不锈钢、皮革、树脂板、墙纸、
橡木烟熏木地板、灰茶镜、透光云石灯片、艺术玻璃

蜀地，天府之国。"安史之乱"时流落此地的杜甫曾有"出师未捷身先死，长使英雄泪满襟"，也有"好雨知时节""晓看红湿处，花重锦官城"。这里有历史的深邃、王者的开阔、诗词的温婉、川剧的铿锵。端一盏茶，摆起龙门阵，庙堂江湖在里头，天地万物在里头，创域设计出品的万科翡翠公园联排别墅样板间也在里头。

在这里，悠久的文脉与舒适雅致的生活情怀汇聚在一起，演绎出一幅当代中国人生活的写意画卷。

整栋别墅共有五层，设计师根据三代同堂的居住要求，划分出合理的动静分区。设计师在地下一层，地上一、二层之间分别打造出两个挑空中庭，以增强不同层面空间的穿透与流动，也保持轻松、明亮、通透的空间感受，为营造整体的居住美感奠定了基础。

入户玄关设置了鞋柜、端景台，片刻的停留，轻轻抖落的是凡尘。铜色镜面既拓宽了空间视觉，也为自己留下了一份心境上的观照。

客厅的空间处理简洁利落，装饰构想却独具匠心，细节精致考究。一边墨线恣意纵横，见山峦叠嶂，江河流淌，墨色层层晕染，似云烟，似雨雾，充盈于天地之间。这整面墙的水墨意境气势磅礴，自然天成。

另一边将中国传统屏风的概念扩展以分割墙面，黄铜丝打造的莲叶与莲蓬错落有致的分布其间。两组沙发一白一蓝，形式现代又点缀中国传统元素。地毯图案来自对山水的抽象与分层处理，若有若无的铺陈在地面。这些都与浓墨重彩的水墨山水在主题和形式上形成冷暖、轻重、古今的对比与呼应，在厚重的文人气息中又跳跃出生动雅致的生活情趣。

人月圆
春日湖上
张可久

小楼还被青山碍，

隔断楚天遥。

昨宵入梦，

那人如玉，

何处吹箫？

门前朝暮，

无情秋月。

有信春潮，

看看憔悴，

飞花心事，

残柳眉梢。

楼梯处采用透空的设计手法，联系一、二层挑空的中庭。中庭设置餐厅，从高空轻盈垂落的艺术吊灯与不锈钢屏风营造出华丽的气质，又强调了中庭挑高的纵向视觉效果；餐厅与客厅连通开放，增加了同层空间的通透。餐桌上，一簇红兰在沉稳的花器上显得分外典雅，象征了女主人兰心蕙质的高洁之态。

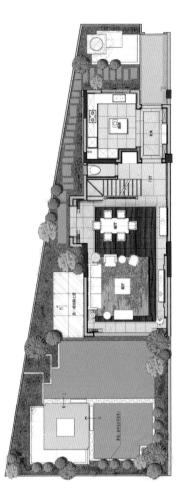

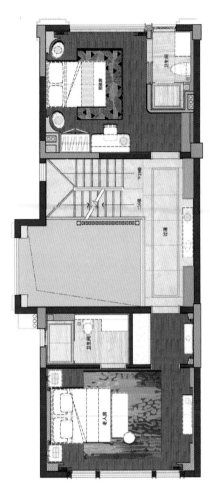

地下一层也是本案的重点所在。不同功能空间的主题打造，提升了整个设计的品位和韵味。地下一层增设夹层空间，下沉庭院、会客区、台球室、影音室和棋牌室一体化设计体现多重娱乐功能。在设计上，具有与公共空间相同的表现主题，围聚起家人好友间的情感。

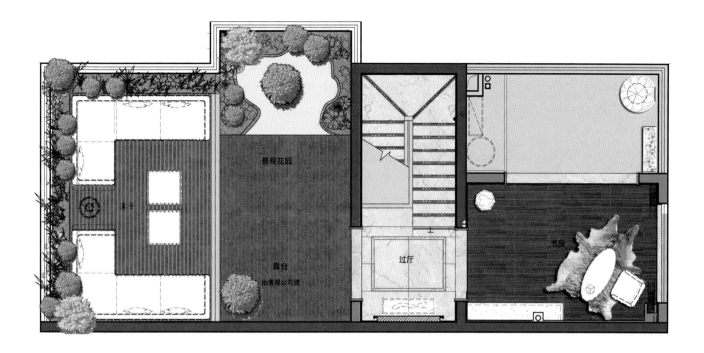

设计师把中国文人追求的精神从从容容地挥洒于客厅、端景和卧房的墙面、配饰等细节上。在这里，山水之美、空间之美、意境之美、材质之美都在驻足回首之间融会贯通，消隐了彼此之间的界限而达于通透，在现代人的生活中体现出"意胜于形，得意忘形"的传统美学意义上的本质精神。

四楼采用透空的设计手法连接书房，空间整体且富有趣味性。设计师娴熟地将经典元素和现代设计风格具象成材质与色彩，在这个光与生活融于一体的灵韵空间里，无上优越不言自彰。金色的线条与沉稳温润的色彩表现，衬托着书架、挂画，增添空间沉稳内敛的人文氛围。

透天住宅常见的长型格局中，保留一气呵成的空间串接，仅以机能段落的端景表现为区隔，增加空间的开阔感受。顶层增加儿童娱乐的星空露台，满足亲子活动的需求。

整体空间以暖灰调结合原木色为主，营造温馨雅致的氛围。局部不锈钢强调空间线性结构，贯穿各个空间的朱红、赤金、群青、苍色、藏青点缀，让整个空间在一派敦厚宽容的沉静中又生动活泼起来。

设计师独具匠心，将二层空间打造成私密性与尊贵感十足的老人房和儿童房套间。过厅视野开阔，由此进入卧室，宣告私人领域的开展。端景台采用中式对称设计手法，秋色的漆画在昭示着中华文化背后的绚丽风景，与老人房沉稳雅致的格调相辅相成。

男孩房的设计以"飞机"主题贯穿整个空间，相关饰品的点缀、穿插不仅体现了孩童时代大胆的想象、探索，充满活泼动感的特质，也隐喻了《小王子》这本经典童话中对生命纯真、本质的永恒追求的美好愿望。

三层主卧空间宽敞舒适、沉稳大气，一进屋就能轻松卸下工作压力。伴着夜色，暖灰与藏青色的床品，在金色线条感与主题墙面山水皮雕纵横的堆叠中，光氛的氤氲带入宁静惬意的休憩氛围。整个空间展现出一派山间云卷云舒的意象，在这里感受到的不仅是身体的舒适，更是精神的诗意栖居。床尾的贵妃椅与大理石桌构成居者的休闲角落，主卧阳台也可供闲暇之时观景品茗。

独立的衣帽间设计，布局优化，具有更衣和收纳空间，带入精品展示概念，结合女主人的梳妆台，提升使用体验感。

浴室选用自然石材装饰。日光斜斜地穿过，将窗边遒劲的树枝，化为墙上轻盈斑驳的身影，成为心中一道安静的风景。

大道无形，和光同尘

The Grand Invisible but Accompanied with Light

项目名称：保利和光尘樾
建筑设计：筑博设计
景观设计：奥雅设计
硬装设计：邱德光设计事务所
软装设计：LSDCASA
项目地点：中国北京

挫其锐，解其纷；和其光，同其尘；是谓玄同。
——老子《道德经·第五十六章》

老子说的是真正的"道"，是随俗而处，如光如尘。

我们追溯中外美学的吉光片羽——无论是魏晋时期"初发芙蓉胜过缕金错彩"的自然随性，还是北宋时追求"拙""天真""平淡"的文人品位，或者被奉为极致的日本"侘寂"，不难发现——对美的求索里程，有一个挫其锐，解其纷，而最终和光同尘的过程。毕加索也曾说："我14岁就能画得像拉斐尔一样好，之后我用一生去学习如何像小孩那样画画。"

但这件事在如今中国的建筑和居住文化中，好像不被验证。我们的

生活总是被一股又一股潮流追赶，被一个又一个主义覆盖，对表象和形式的追逐好像永远没有尽头，而对财富的认知则不断流转接力于不同的标签之间，从罗马柱到大理石拼花，再到明椅、字画或串珠。更不解的是，对不知所谓的"设计感"的执念和自以为是的演绎。

北京保利和光尘樾在堆满概念的豪宅市场，决意打造一个用以承载生活而非粘贴风格的建筑，让我们看到保利开发及设计团队对城市的关怀和对审美的思考。

而LSD坚持，设计因解决问题而生，这是设计最基础也是最根本的价值所在。基于解决问题的前提，选择性地表达，以此建立情感联系、

大德歌·春

关汉卿

子规啼，

不如归，

道是春归人未归。

几日添憔悴，

虚飘飘柳絮飞。

一春鱼雁无消息，

则见双燕斗衔泥。

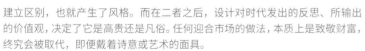

建立区别，也就产生了风格。而在二者之后，设计对时代发出的反思、所输出的价值观，决定了它是高贵还是凡俗。任何迎合市场的做法，本质上是致敬财富，终究会被取代，即便戴着诗意或艺术的面具。

该建筑为五层别墅，中庭采光天井，是垂直贯穿整个居所的采光中心。地下两层规划为容纳主人性格喜好的空间，一层起居空间拥有前后庭院，是建筑最珍贵的资源，二、三层则是家人居住的空间。

设计永远是一个选择的过程，每一次的"取"与"舍"都关乎对功能的理解、价值的抑扬和对美的感知。而设计师也在这种选择的过程中，逐步形成风格、气质。

LSD 采光中庭部分方案

对于这个建筑的最大特征——贯穿于 5 层空间 17 米高的采光天井，是营造"光"记忆点最重要的核心区域。LSD 的第一直觉是留白，也曾尝试过以"季节变化"作为主题，或更加艺术化的表现形式来装点这个空间，但当设计师又一次站在那个天井的底部，有两道光打在墙面，并在午后慢慢地移动、交织，直到暖红色的夕阳灌满这个玻璃盒子，LSD 开始坚定，光随着时间、天气而流转的变化，将是这个空间最好且唯一的装饰。在保利设计团队的支持下，设计师推翻了所有的方案，让位于光。

一层客餐厅

让空间合理化并在原建筑基础上创造资源是设计需要解决的问题。一层作为这个居所的起居空间，也是我们认识这个家的第一步。LSD 间隔入户花园，形成心理感受上的户外玄关，入户后空间纳入客厅整体，让客厅的面宽视觉最大化，以此匹配建筑的尺度。整合南北两个庭院作为起居功能的延伸，庭院的设计向室内发展，布局上与客餐厅视为整体。

在布局上，用主沙发和大茶几来创造稳定面，产生主次关系和空间节奏。

在家具选择上，克制演绎和自我中心的欲望，让位于建筑和空间。

法国艺术家亲手打造的孤品茶几，茶几上的三块彩砖可以追溯到 20 世纪 50—60 年代，一旁的古董单椅亦可窥探到柯布西耶的影子。那个时代的设计开始转向功能化，卸除不必要的装饰，所有线条皆为必须。

每一个安排都有自己的故事，却不招摇，不害怕不被发现，正是空间充满骄傲的力量来源。

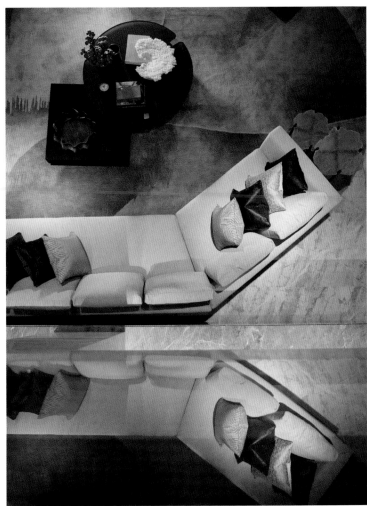

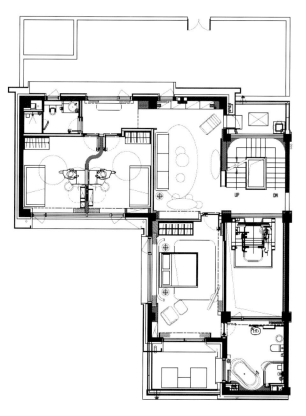

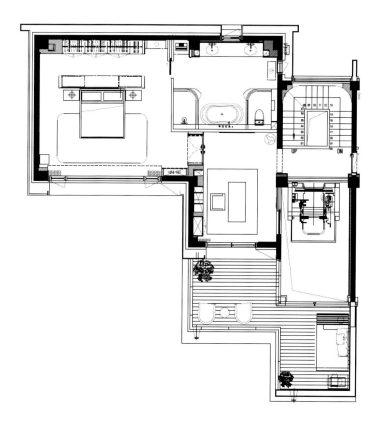

二层亲子活动区 & 儿童房 & 老人房

住宅二层，以亲子活动区连接起 3 个秉性各异的居所。核心目标是让设计的意图与手法让位于生活。

老人房以自然舒适为要义，多采用哑光饰面和手工质感的肌理；女孩房色调舒缓温和，少女感十足，恰到好处的饰品轻柔交织，契合空间折纸主题；男孩房则以太空探险为主题，将墙纸、床品到地毯的选择融合在空间之中，为这个热爱太空充满好奇心和想象力的小男孩营造梦境。

地下一层

地下一层为女主人空间，设计的本质目标在于加强地下二层与地下一层感受和使用上的互动，原规划中，瑜伽房的稳定、空灵的属性冲突于开放性交互空间，影音室与衣帽间的设计面目含糊。于是，LSD 加载了手作台、健身房和书房，让空间与功能的匹配趋于合理，并用更多元立体的场景将人物的个性、事业、爱好呈现出来。

建筑在设计的初始阶段，为此空间留下一抹由地下二层、地下一层共享的阳光，光的轨迹和角度都经过精心测量，LSD 将健身器材搬到地下一层的挑空玻璃前，这个在地下的健身室，也能有一种户外健身房的感观。

三层主卧 & 书房

三层是主卧和书房空间，LSD 将原更衣室整合到主卧背景墙后的衣帽间，将主卧和主卫的面宽拓宽 900 毫米，让那些次要功能让位于空间体验感和必要的尺度。

每一个设计要有自己的语言和语法来形成语境，并体现在每一种颜色的选择，每一款材质的触感之中。

弱化背景墙概念，以沉稳内敛的纯色替代，与来自意大利 ceccotti 的床深蓝绒布相呼应，安放每一个舒适的睡眠。

设计师选择了方形的艺术家孤品书桌，契合作为半开放书房的空间，用手工锻打的金属和皮质给人以温暖的气质，与书柜上的艺术品和雕塑一起，构成了这个空间的主要个性。

地下二层

　　建筑或硬装是软装设计开始的前提，也是限制，但所有的创新都由限制开始，设计师的工作，是让原来的设计意图因设计师的介入而更加明确，更多时候，设计师需要去拆解一些看似合理的不合理，化解干扰。

　　地下二层最大的核心是高 7 米、宽 9 米的巨幅 LED 屏，基于视觉观看舒适度的考量，以及不以私趣为样板房设计目标的原则，LSD 拆去暗房，结合承重柱，形成半高水吧台，开放原封闭空间，与右侧的多功能长桌，共同构建了一个复合了茶室、雪茄室、品酒区的空间，使空间大幅延展，并能容纳更多样的社交。

　　设计师重新规划了空间的家具布局和体量，让影音屏在使用时，能够以最舒适的距离得到最佳的视觉效果；而在不使用影音屏时，围合相洽的家具排布也能让这个空间的交谈、聚会，亲密"有间"。

超脱物外，禅韵灵动，
微小处见真章
Aloofness, Zen, and
Tininess

项目名称：福州金辉半岛别墅 B39 户型
项目类型：别墅设计
设计公司：帝凯室内设计
设 计 师：徐树仁、李进念、庄祥高
软装设计：李靖云（北牧空间）

"谈笑有鸿儒，往来无白丁"，传承经典的中华古典意蕴，渲染超脱物外的雍容大气风范。一静一动，皆是茶道之灵动；一方砚一壶酒，皆是檀香禅味氤氲。千年古文化内化到一家一户内，微小处见真章。

一入室内，整体清新的氛围营造，三两清凉，渐渐沁入心田，浑身燥热也被尽数安抚。光洁平整的地面，触感柔软的地毯，无一不在显示

着文人雅客的舒适生活。

客厅里随处可见梅、兰、竹、菊，"四君子"的存在如同徽州上好的墨，将清新雅致的格调挥洒得淋漓尽致，也静静散发着独属于草木的清香。伴着"四君子"，轻酌一杯茶，炎炎夏日带来的焦躁都在一瞬间被细细抚平，所有的不安都被仔细安放。

殿前欢
离思
张可久

月笼沙，

十年心事付琵琶。

相思懒看帏屏画，

人在天涯。

春残豆蔻花，

情寄鸳鸯帕，

香冷荼蘼架。

旧游台榭，

晓梦窗纱。

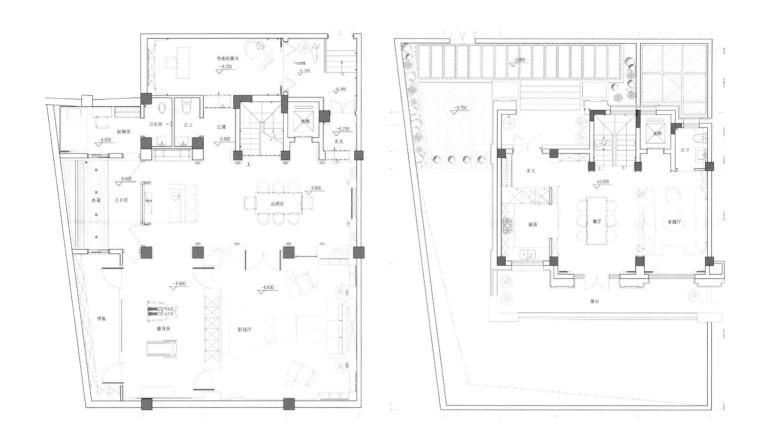

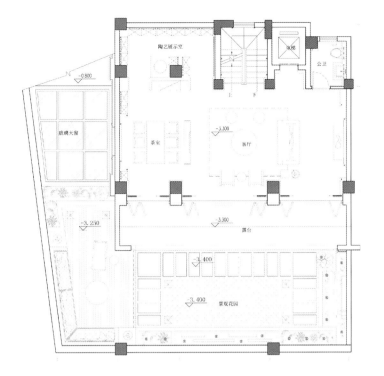

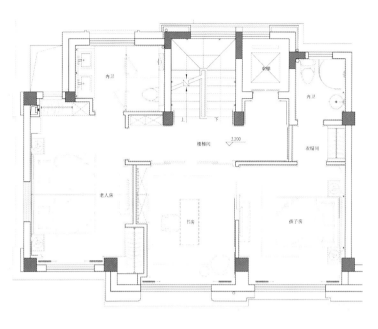

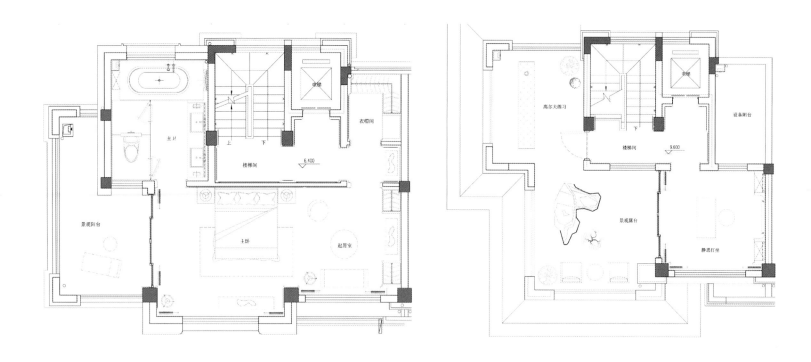

用餐空间格局开阔，同时又具备隐秘性的餐桌，整齐又不失雅致的座椅，将整个用餐空间映衬得更加舒心。麻雀虽小五脏俱全，这一处空间是所有游人心心念念的归处，是所有出门在外的游子日思夜想的港湾。

太阳的余晖将窗帘映出一片淡金色，青绿色生机勃发的绿植也复苏了，它们畅快地在一方天地中自由成长，时刻释放着氧气，净化室内空气。淡蓝色灯光为四周洒下了一片岁月静好的气息。凉爽的室内与炎热夏日形成了鲜明的对比，舒适柔软的大床静静安放在室内。四周万籁俱寂，只有植物们吐息间维持着静谧甘甜的空气。闲敲棋子落灯花的悠闲，在这一刻得以亲身体验。静谧的晚风轻拂，就连呼吸都酣畅了起来，一夜好梦就在眼前。

这一方天地，或清新或雅致，或低调或大气，蕴含着无数灵气和温馨。就像一盏清茶，可抚慰浮华尘世中一颗奔波忙碌的心；就像是一弯明月，可涤荡滚滚红尘中一抹风尘仆仆的灵魂；就像是沙漠绿洲，可在夏日炎炎里提供一块清凉的庇护所；就像是久旱甘霖，可滋润被高温炙烤而无比煎熬的心灵……谈笑有鸿儒，往来无白丁，极为儒雅的中式风格，为您创造一方舒适家庭空间。

　　书房静室，雅致的书柜，一方实木书桌，一盏明亮而不刺眼的灯光，是精致的必备物品。巨大有序的书柜可以容纳超大容量书籍，中式书桌座椅使整个空间的格调再上一层。安坐在这样的环境中，静静与自己的心灵对话。一隅居室，文字作伴，书香为伍，外界的动静再惊不起心中的一丝涟漪。

步入主卧，一面朝阳的素雅大窗安静地伫立着，几缕阳光轻松斜射到光洁地面上。伫立在纤尘不染的玻璃窗前，视野也随之开阔了起来，远景、近景一切都尽收眼底。合上窗帘，白日浮沉，喧嚣闹市，在瞬间远离了。松木香在周围环绕，兼有几许茶香氤氲，往日的白驹过隙都成了慢时光。邀三两好友，在中式长型茶几上烹茶畅谈，静静品味人生况味。

整个空间低调而雅致，不失奢华美感。以淡雅色调为主，弥漫着舒适的气息。或有三两好友来访，在室内沙发、高台、长桌旁，或站或立，人人自得。谈笑有鸿儒，言笑晏晏的热闹充满了整个空间。融洽的交流，让心也交融在这一方天地。桌上花瓶的一抹雏菊，彰显着主人家对生活的热爱，静静吐露着一室淡淡芬芳。

大处见刚，细部现柔，
不着一笔而尽得风流

The General Tough, the
Detailed Soft, the Romantic
Not Deliberate but Imposing

项目名称：北京远洋天著平墅
软装设计：LSDCASA 设计一部
项目面积：362 平方米

笙者所以在鱼，得鱼而忘笙；
蹄者所以在兔，得兔而忘蹄；
言者所以在意，得意而忘言。
——《庄子·外物》

远洋天著位于北京五环，六朝古都的文化沉淀，流淌在它的血液中，而国际都会的灯光亦点亮它的窗台，它必然是东方的，但它也要有现代的生活感受。

LSDCASA 在此处对东方文化的表达，选择通过挖掘传统中良善的、符合当今价值的信仰与精神，用设计师的技艺转化为当下的形式，以精神、文化层面的认同来对契"东方"。

因此，在整个空间中，虽没有任何显著的东方符号堆砌，却自始至终浸透着东方特有的禅思静谧。

大处见刚，细部现柔，不着一笔而尽得风流。日光半斜，为整个空间洒下静谧。丝质的纯色地毯，铺陈出柔软的空间氛围，长沙发舒适地安放在中央，背后陈列着一家人乐于展示的心爱之物，每当有客来访，如数家珍的故事桩桩件件，友好的客厅瞬间弥漫起文化气息。

茶几造型别致，一半由大理石的自然肌理构成水墨意象，一半由工整的线条写就现代工业风貌。正契合设计师对这个空间的理解和出发点。

BoConcept 的落地灯自后排书架斜出，融入落地窗景，远远望去，好似北国的树枝，丰富了整个客厅的层次。

普天乐
秋怀
张可久

为谁忙，

莫非命。

西风驿马，

落月书灯。

青天蜀道难，

红叶吴江冷。

两字功名频看镜，

不饶人白发星星。

钓鱼子陵，

思莼季鹰，

笑我飘零。

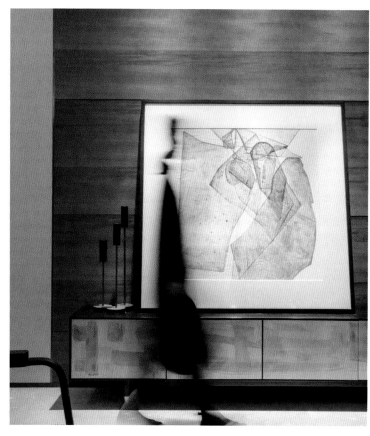

客厅一侧开敞的餐厨空间，首先映入眼帘的是手绘韵彩落地屏风，对应暖色系的胡桃木餐桌、餐椅，使用餐空间更加独立。

来自意大利 SELETTI 太阳系行星瓷盘，纯铜餐扣搭配黑色棉麻餐巾，好似长夜月明，又与古代中国圆窗的意境遥相呼应。

　　暮色将近，走过画廊式的过道，进入主卧。点亮 Artemis 铜质台灯，暖色的灯光均匀地洒在丝质的床品上，柔和地泛着光。装饰柜上端放着女主人喜爱的花艺和从香港淘回来的茶具。

　　女主人正在梳妆台的一处打扮着，准备与男主人参加聚会。男主人坐在一旁的沙发上静静欣赏。时光在彼此的默契间流动。

　　过道的另外一头就是男孩房，明快的蓝色与亮黄奠定了空间的主色调，他的活泼、开朗在此已展露无遗。艺术几何分割的挂画，与地毯相互呼应。

在古代，插花、挂画、点茶、焚香被称为"生活四艺"，而在这里，只是女主人释放艺术热情的方式。

中国传统插花是东方插花艺术的起源，在插花的过程中，时常需要花艺者"断舍离"。人亦如此，通过断舍离，人们清空环境，清空杂念，过简单的生活，才迎来自由舒适的人生。

设计更是如此，一个好的设计师无非比他人更擅长选择——不是选择要什么，而是选择不要什么。

这个空间以极致的精简，叙述这一观点。

研艺室交接着下层庭院，庭院里种着一颗桑果树，树下是木质做成的茶桌，原生态藤编质的禅修垫，仿佛能在这里按下时间的暂停键，偷得浮生半日闲。

进则指点江山，
退则闲云野鹤

项目名称：佛山中海山湖豪庭商墅
设计公司：5+2 设计（柏舍励创专属设计）
项目面积：235 平方米
主要材料：木、石材、钢

本案整体上呈三进布局，各空间环环相扣，相辅相成营造出东方院落的形式感。

商铺

设计上以简洁的线条元素构成，在保留原建筑结构的同时，将空间充分展开，中间的庭院连通着前后两个空间，让光与室内相互衬托，充分地让室外与室内结合，展示出东方的从容气韵。

客厅

在中国传统文化中，方与圆暗喻传统意义上的天与地，这在家具与墙面上都有所体现。设计师在展现空间简洁精致的同时，结合点状饰品及花艺展示来营造东方的意境之美。灯光的气氛营造也是本案的一大亮点，与木饰面搭配，淡雅宁静。

**殿前欢
客中**

张可久

望长安，

前程渺渺鬓斑斑。

南来北往随征雁，

行路艰难。

青泥小剑关，

红叶溢江岸，

白草连云栈。

功名半纸，

风雪千山。

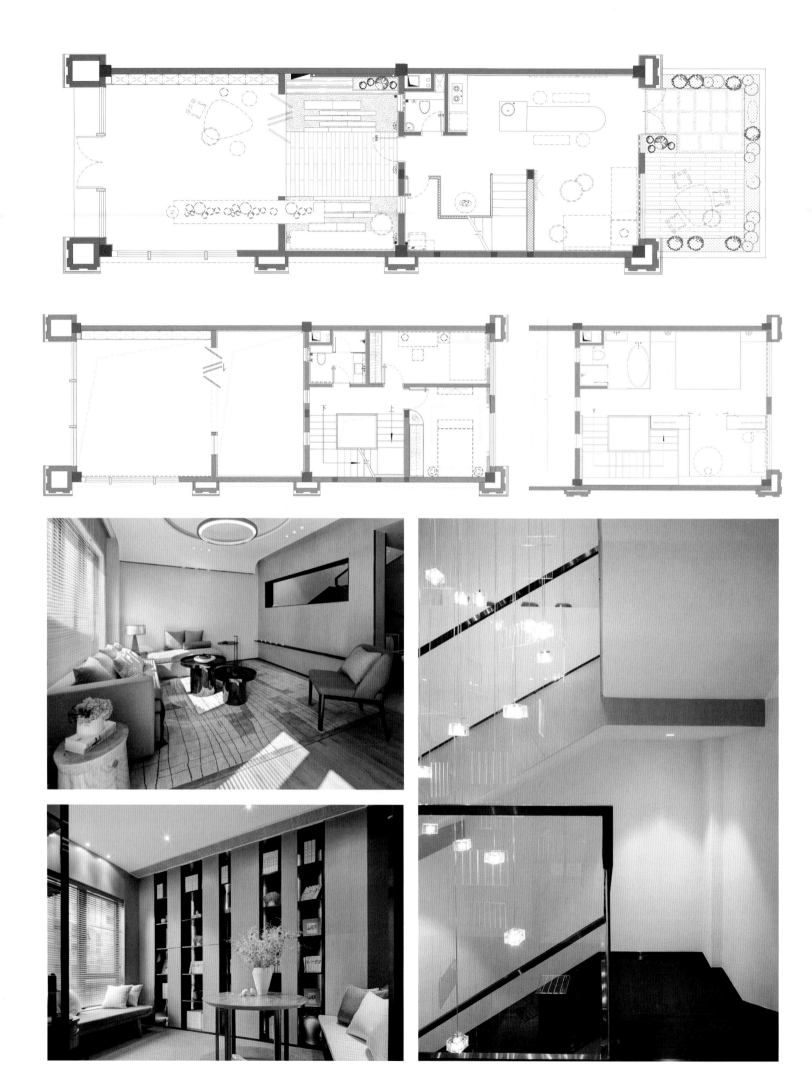

主卧

　　木质书架、中式艺术品的陈列为空间增添了中式韵味。材料的使用干净、明快、自然，黑镜的加入体现出整个房间的厚重感。

结语

　　点睛的中式元素与简约明快的设计，让本案呈现出独特的文化与艺术韵味。所到之处，意韵横生。

人文大宅的礼赞

Respectfully Praise
by Big House

项目名称：海航·豪庭北苑
设计公司：SCD（香港）郑树芬设计事务所
主案设计：郑树芬、徐圣凯
软装设计：杜恒、丁静
项目面积：417 平方米
主要材料：索罗门米黄地台、瑞典橡木地板、
墙纸、大理石、仿古铜板等

因为美，我们便可以继续前行！

在这个 417 平方米的空间里，设计师试图对话古今，寻找一种平衡的美，于一室中呈现对美的理解与追求。庄子有言"天地有大美而不言"，认为一切自然，不为利害得失所累，既合规律又合目的的统一，即为大美。然而所有的美，所有的艺术最终都体现为人，所以当你触摸一片叶，饮一席茶，听风从丛林中穿过，便可以感受到美，便可以寻找到前行的意义。

人月圆
客垂虹
张可久

三高祠下天如镜，

山色浸空蒙。

莼羹张翰，

渔舟范蠡，

茶灶龟蒙。

故人何在，

前程那里，

心事谁同？

黄花庭院，

青灯夜雨，

白发秋风。

格物于今又一开，千门万户雪相埋。

题词见冷心情下，已素婴孩何必猜。

——《雍正十二月圆明园行乐图》

忽一夜冬雪，万千雪白，清晨的第一份惊喜，王孙公子们亭台赏雪、湖面踏冰，孩童们雪中嬉戏，丫鬟们忙碌着清理廊道积雪……好美丽的场景，仿佛听到欢声笑语传来，那一年繁荣的圆明园正在上演怎样美丽的故事？

餐厅

中式屏风的雅致，配合欧式线条的硬朗，极富质感的餐椅和丝质地毯，让整个餐厅充满仪式感而又不乏轻松和舒适。

茶室（一）

听风、吟茶、圆月蜡梅、琴瑟和鸣，欣喜于心的果实，设计师试图勾勒出记忆中的风雅画面，质朴的木、温暖的棉麻、带有现代气息金属质感的茶几，在传统与现代的融汇中，设计师想找出平衡和文化根源的亲切记忆。

"素瓷传静夜，芳气满闲轩"，一室宁静，满室茶香，归属于一隅，更是现实难得的享受。

没有什么奢侈品比豪宅更能体现一个人或一个家族的声望、实力与品位了，在圈层、健康、舒适、品位、礼遇五大层面重塑"雅奢生活"的精髓，每一个空间细节，都承载着文化、艺术、品位、生活的态度和对美的追求。

美与权力无关，美与生死无关。抛开成见与偏见，怀着炽热的情感去寻找、发现、创造设计师所坚持的和一直在做的事，怀着坦诚与谦卑的心，折断时刻都在衡量他人的尺子，真正的"美"便会呈现在眼前。

精神与文化，共同创造富有生命力的空间

Spirit and Culture to Establish Space Vitality

项目名称：万科城市之光别墅样板间
设计公司：壹舍设计
主案设计：方磊
视觉陈列：李文婷、周莹莹
摄影师：张静
项目地点：安徽合肥
项目面积：388 平方米
主要材料：黑钛金属、古铜金属冲孔板、石材、壁布硬包、马来漆、橡木染色

千百年来，庐州文化源远流长，吸引无数文人漫步其中。作为安徽省会，合肥历经时光流转，庐州文化早已融于城市变迁中。

合肥，一座承载庐州文化的现代城市。万科城市之光别墅坐落于此，其样板间的整体设计由壹舍担纲。相对充裕的空间和开放的结构给予设计师无限灵感，雅致静谧是最想营造的整体氛围，文脉延续是最想秉承的精神境界。

"我们选择低调轻雅为设计概念，采用沉稳的色调为主题，透过现代的设计手法，将东方元素点缀其中，旨在追求设计与文化的融合。"设计师方磊如此表示。

平稳式布局体现出客厅的气势，阳光穿透落地窗，随意简约，尽显波光灵动之美。少许原木色点缀其中，简约中富含无穷韵味，营造出低调、静雅的氛围。大面积百叶元素呈现一种秩序美，同时又连贯餐厅、庭院、卧室。沙发灵活多变，可满足多元化的使用需求。入座沙发，大理石背景墙映入眼帘，其华美天然的纹理宛如一幅水墨画。

百叶元素由客厅延伸至餐厅，顺应立面拓展至吊顶。沉稳厚重的深咖啡色，搭配色系相近的餐椅，散发着柔和光泽的吊灯悬于餐桌之上，营造出典雅轻松的用餐氛围。

山坡羊·道情

宋方壶

青山相待，

白云相爱，

梦不到紫罗袍

共黄金带。

一茅斋，

野花开。

管甚谁家兴废

谁成败，

陋巷箪瓢亦乐哉。

贫，气不改；

达，志不改。

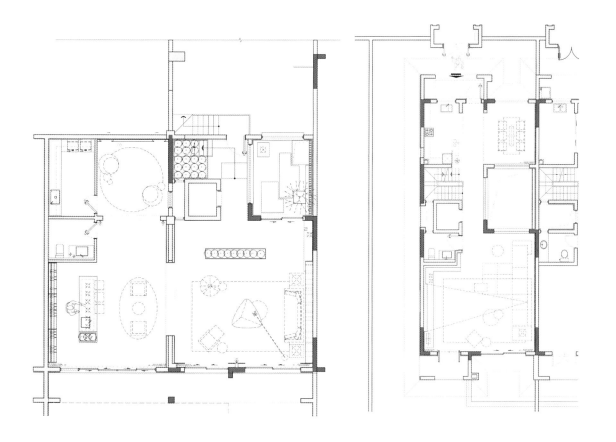

吧台由玄关处延伸而来，作为通道关系上的枢纽空间，连接客厅与餐厅，起到过渡与衔接作用。富有线条感的落地灯，恰到好处地点亮整个空间，与主题"城市之光"相得益彰。

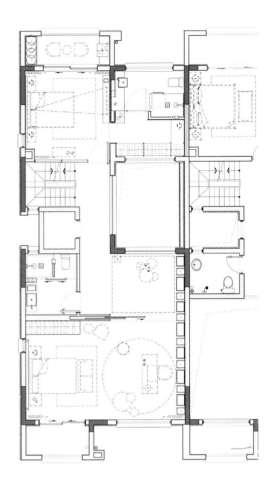

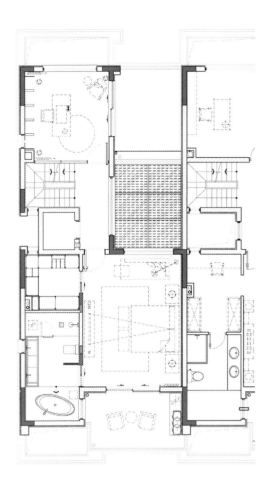

地下一层是家庭室，绿植将整个空间动线划分为通道及活动区。蓝色家具及古铜质感书架相映成趣，彼此穿透，赋予空间雅致、轻松的色彩。活动区书架采用金属冲孔板和发光体，清晰明快的线条增添整体视觉冲击力。

水吧区与家庭室相连通。圆形软饰地毯有效地缓解了空间的单调，同时又呼应蓝色家具。午后阳光撒入，弥漫生机一片，设计师完美调动感官，将空间的张力体现得淋漓尽致。

长辈房的设计严谨而舒适，通过尺度的把握来表现稳重。床头两幅黑白色氤氲而成的挂画又和花艺形成互动，整体空间简洁却又不失质感与趣味。

活动室则采用适宜的跳跃色来主导空间，时尚又不失温馨。立面百叶元素让内部与外部空间形成一体呼应，配合自然光线映入，实现人、空间与自然的和谐统一。推拉门划分次卧，让空间在视觉上变得张弛有度，呈现出自由的气质。

衣帽间，简明合理划分空间，兼具现代感和实用性。

主卧立面及吊顶的百叶元素与客厅、餐厅立面和谐统一。水墨纹路地毯与自然光线融合，产生极富韵律的光影效果，令空间低调暖怡。在赋予空间沉稳大气的同时，现代人追求的舒适静谧也在这里得到满足。

几何线条合理划分卫生间，功能与美学转化为精致的细节，给人低调舒适的体验。大面积镜面的运用，强化了空间透视的立体感与层次感。浴缸位置抬高，视野开阔，沐浴其中亦可远观庭院景观。

设计师方磊认为："一个好的空间必是富有生命力的，坐落在庐州的城市之光，不仅承载着精致的生活态度，更是文化内核的一种延续。"衔接徽韵，面向未来，万科城市之光宛如一个连接古典与现代的窗口，东方韵味及现代时尚交融其中，恰到好处地展示着它的淡雅、精致。在合肥这座魅力之城，绽放耀眼光芒。

龙行踏绛气，天禧传世家

Auspicious with Dragon,
Happiness to Aristocratic
Family

项目名称：汕头龙光御海天禧大独栋 V1 别墅样板房
硬装设计：深圳创域设计有限公司
软装执行：殷艳明设计顾问有限公司
主案设计：殷艳明
参与设计：万攀、周燕黎、周宇达、梁深祥
项目面积：1 050 平方米
主要材料：玉石、柚木、古铜不锈钢、皮革、手绘墙纸、
实木地板、艺术砖、艺术玻璃、贝壳马赛克、手工羊毛
地毯

潮汕厝，皇宫起。

天禧形，创域塑。

潮汕人崇尚先古，追求极雅，此次创域打造都市人文系列的中式大宅，传承千年建筑文化精粹，于雕梁画栋之间，延宕千年的审美情趣；于诗书礼制之上，延宕千年的宗法信仰。这也是龙光御海天禧别墅样板房的设计理念。

缘起东方

中国传统居住，讲求聚族而居，既求血亲相交和睦，也讲长幼有序的礼制区分。关于"礼"的生活哲学，不仅体现在言语、行动中，也融合在宅第门厅、庭堂院落之间。本案的中式风格，以中国传统的家族文化为根基，将"三宫制""前朝后寝"的门庭礼制观念融入现代空间设计，营造世家大宅庄重、显赫、灵动、俊逸的贵族气息。

整栋别墅共有六层。设计师根据大家族的居住要求，划分出合理的功能分区，将公共空间和私人空间有效区隔，并在地下二层娱乐区的左右两侧分别打造西式生活空间（瑜伽室、雪茄吧、红酒室、影音室）与中式生活空间（收藏室、书画堂），满足主人的多层次需求。

为表现中式传统大宅的精髓，设计师将中国传统疏、密、隔、透的造园手法引入室内空间，整合空间秩序，把握空间节奏，使之开合有序，进退自如。丰富的空间层次递进，横向通透、纵向通达，体现出"中正平和"的东方哲学思想，呈现簪缨世族清雅风情的生活格调。

**双调
庆东原**

白朴

忘忧草，

含笑花，

劝君归早冠宜挂。

那里也能言陆贾？

那里也良谋子牙？

那里也豪气张华？

千古是非心，

一夕渔樵话。

见微知著
前庭后院 境界卓然

"庭院深深深几许",设计师根据户型结构,从大门前庭、入户玄关到过厅,内外结合,巧妙地演绎了传统中式院落入户的空间递进层次。不同的中式柚木嵌花门、柱、藻井、天花划分着空间彼此间的界限,传递出沉稳、厚重的世家之风。

前朝后寝 规制三宫制家族礼法

设计师以"花开富贵"为主线在空间中传递出温馨、吉祥、枝繁叶茂的美好愿景。天花借用藻井造型;主背景墙以少量深色柚木衬托出"花开富贵"的主题;地面定制的泼墨写意花卉地毯,与侧墙工笔花鸟的挂画有层次的对主题进行延伸、渲染;两两相对的明清圈椅造型简练、做工精细;外廊阳光洒入室内,与大面积粉墙相呼应,更加凸显客厅的明快与雅致。

在传统中堂设置的基础上,设计师推陈出新,使用传统建筑构件符号,如梁、花窗、立柱、藻井,打造天花和墙体,提升空间高度,营造空间尺度,使整体空间洗练、大气、庄重。选择白色玉石在主背景墙上打造一圆窗造型,又似一轮皎洁的明月,衬以窗前道劲挺拔的松枝、周围隐带水纹的浅色墙纸,便有了"明月松间照,清泉石上流"的诗意。

小叶紫檀清式家具,雕刻装饰精细、华丽,摆放在有自然纹理的大理石地面上,彰显富贵典雅;墙上两幅选自"明四家"的挂画则平添了几分文人的书卷气息。

以八角形围合空间,具有活泼的形式感;两侧引入自然园林对景,室外清风摇动、绿影婆娑,室内花影斑驳、"鸟跃枝头",似一家人围坐亭中,把酒言欢,与天地自然共享轻松、和乐的幸福美感。

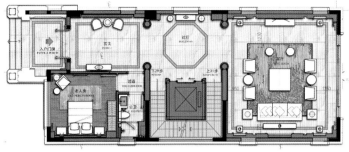

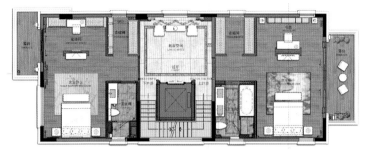

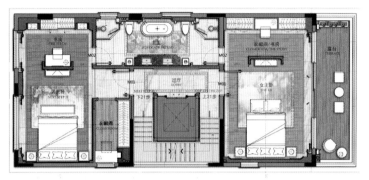

雅致艺境 盛世都会之上的生活范本

地下二层是娱乐休闲区。太极室旁是宽敞的书画室，长条桌案，笔墨书香，古琴音韵，背靠几联水墨屏风，"一收江湖纵横气，潜心隐伏山水中"。设计师在屏风后另辟书画艺术品收藏室，既展示主人的珍藏品鉴，也是对流光岁月、变幻世事的深厚沉淀。

过厅中摆放的盆景与室外的棋艺花园形成借景关系，花园通过落地隔门与相邻的太极室相连通，自然流动的阳光、空气和轻风为练习太极（或瑜伽）提供了身心放松、安静冥想的氛围。

白色现代简约中式家具陈设于华丽的地毯之上，与墙上的清式龙袍挂画合围出高贵的皇家风范，使"中室"与"西享"完美融合在一起。

宛若天成

本案空间充分保持原有楼层的高度，以灰白色调搭配原木色为主，局部挑选高品质玉石为背景，其自然纹理为空间增加了人文情怀，进一步提升了空间高贵、典雅的品质。中国红、蓝、青绿色的点缀穿插其中，让空间充满了勃勃生机。

空间中木饰部分使用柚木实木打蜡的工艺，环保、自然，各种中式符号的造型细节，散发着岁月的淳香。紫檀木打造的明清式家具，雕花做工精良，有繁有简，造型优美。特别甄选、定制的各种玉石、手工羊毛地毯、柚木、贝壳马赛克、胡桃木地板、玉龙化石等良材美质，一同构成了独特的物象之美，并衍生出丰富的传世大宅底蕴。

"明四家"的书法作品和挂画，营造了历史文脉和传统生活空间交融的场景，陈设的器物、挂件精致典雅，并以陶艺、植物相搭配，使每个空间成为有故事、有表情的栖居之所，成为体验生活美学的人文场域。既是当代生活方式，也是对传统礼仪优雅生活的回忆。

传世大宅，和韵相生。设计师借鉴传统建筑、造园手法提炼、整合空间，向传统生活方式的唯美致敬，在当代生活中重新寻找传统大宅府邸居住空间的气势之美、礼仪之美、舒适之美、雅致之美，从中延续传统意义的价值与观念。

空中府邸 营造东方空中秘境

整体功能空间尊贵、大气，核心筒升降梯及步梯成为连接各层空间的轴心。主要的卧房休息区分列于二、三层电梯与过厅的两侧。其中，男、女主卧分别用柚木以不同形式分割粉墙，配以不同天花造型，背景花卉图案和床品、摆设，在简洁、明快、雅致、静谧的一致空间感中细心地区分出不同的性格特征；而华贵、大气的共用卫生间又将双方各自的一方天地亲密的交融在一起。

简洁的长方形条桌，配以精细的明清式高背靠椅；一侧镂空隔栅屏风上镶嵌圆形的精美潮绣，既引入一丝室外园林的山野气息，又表现出精雕细刻的生活品质。顶层露台宛如一方净土，闲来种几棵花、树，搭半架凉棚，泡上一壶茶翻上几页书，或窝在躺椅上仰望星空，听风、听雨、听听自己的心跳，都好。

优雅简素的东方情怀

Oriental Feelings
Simple and Elegant

项目名称：郑州名门紫园样板房
项目客户：名门地产（河南）有限公司
室内设计：深圳戴勇室内设计师事务所
软装设计：深圳戴勇室内设计师事务所
项目面积：192 平方米
摄 影 师：陈彦铭
主要材料：梵高云石、爵士白云石、卡其灰云石、水云石灰色瓷砖、橡木饰面、橡木地板、乳胶漆、深古铜拉丝不锈钢、清镜、墙纸、布艺

郑州名门紫园，"出则直面城市繁华，入则安享自然静谧"，营造出格调丰富的别墅生活，成就郑东生态奢宅第一居所。

本案中设计师在设计风格定位时采用质朴的新中式风格，通过合理的功能划分与空间规划，材质与色彩的精心拿捏，营造出一处富有尊贵感和人文特色的舒适住宅。

玄关贯穿餐厅与客厅，巧妙地让空间具有隐蔽性。硬装选用大面积橡木饰面、真丝布艺硬包、仿宋代山水壁纸等物料。客厅陈列稳重简约的中式家具，搭配现代布艺沙发，造景以山水屏风、陶瓶盆景、灯笼状的灯具，将禅风流淌于新中式空间。

客厅与餐厅采用竖向木格栅隔断隐约划分，既丰富了空间层次，又充满浓郁的古典情调。餐厅空间首先映入眼帘的是富有框架线条美的透光云石吊灯，对应暖色系楸木餐桌椅，使用餐空间更加独立。

卖花声
悟世
乔吉

肝肠百炼炉间铁，

富贵三更枕上蝶，

功名两字酒中蛇。

尖风薄雪，

残杯冷炙，

掩青灯竹篱茅舍。

书房连通茶室，亚麻色布艺硬包搭配简洁明快的胡桃木素色哑光漆书桌椅，阳光洒下，沏一盏清茶，阅一卷好书，推开门，便身处与繁杂都市不同的世界。

长辈房的设计严谨而舒适，通过尺度的把握来表现稳重，简洁却又不失尊贵。

走过画廊式的过道步入主人房，映入眼帘的背景墙以对称均衡的构图方式呈现在空间中，一幅定做的手绘山水壁画仿佛在讲述着一个古老的优美故事，垂吊在两边的灯笼吊灯营造温暖的氛围。量身定制的衣帽间用木格栅推拉门连接，开合间制造惊喜。

设计根据对目标用户的定位，描述出一个个贴近生活的场域，表述出主人对家的期望。

大隐于市，喧嚣处
寻觅逸趣风雅

Be Hermits in Cities, Seek
Fun and Grace in Prosperity

项目名称：翡翠松山湖·滨湖花园 4D#01 户型
项目类型：别墅样板房
设计公司：深圳市圣易文设计事务所有限公司
项目面积：1 000 平方米
主要材料：翡翠木纹大理石、水晶白大理石、
蜘蛛玉大理石、红龙玉大理石、梅尔斯金大理石、
木饰面等
软装品牌：ACF、环球视野、米兰映像、安缦、
匠心、春在东方

傍水而居，和山水融为一体，在喧嚣的闹市中清幽自得，在含蓄节制的空间中屏蔽干扰，心灵真正的得以升华。

是白，是黑，是节制，也是浮夸；是静，是动，是和谐，也是矛盾。6 米高的挑空玄关，泼洒下 1 000 多颗璀璨的金属雨滴。流韵点金是浮夸的，更是震撼的。《见南山》边柜上中式摆物是寂静的；红色花器里悄然窜起的龙柳是躁动的……这深深浅浅的矛盾需要每一位有缘者细细品鉴。

围合式的家庭厅带着独特气韵和生命灵性。中式禅意与西洋玩物的碰撞，妙趣横生；敦实的布艺沙发与纤细的传世家具相得益彰；天花的艺术吊灯与高低错落的茶几相互呼应，如同休止符，欲言又止。将视野延伸到窗外，满眼的草木绿意，宁静与虚实间塑造出清雅意境。

运用构成的设计手法，屏风分隔了两个空间，同时又将二者融于一体。绢布上若隐若现的红梅与茶桌上出挑的罗汉松，是对比，又是和谐。在这样一个充满了矛盾的和谐空间里，寻找心之所向。

对称式布局的会客厅融汇了设计师的大胆塑造。复杂而隆重的天花纹样、简洁现代的艺术云灯；湖水蓝与落日橙的搭配；中式纹理搭配现代的家具等。用不拘一格的西方审美营造静谧的东方美学，正如在喧嚣处寻觅逸趣风雅，怡然自得。

凭阑人
金陵道中
乔吉

瘦马驮诗天一涯，

倦鸟呼愁村数家。

扑头飞柳花，

与人添鬓华。

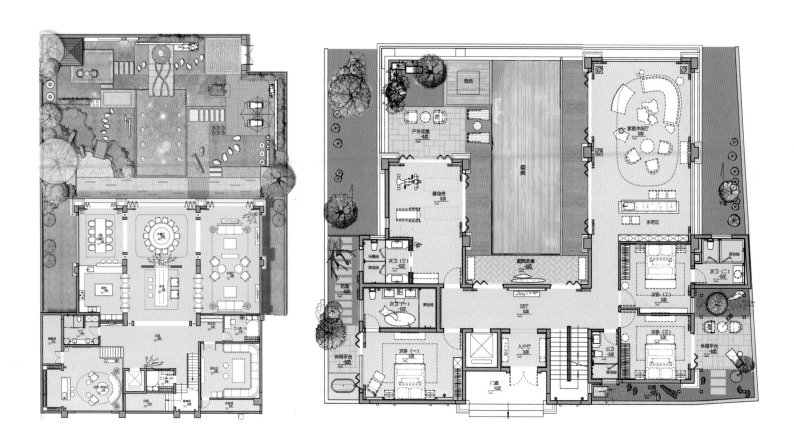

风与声的交汇，青葱绿意，潺潺流水，平静中蕴含着空灵。与风景融为一体，感受精神的力量。

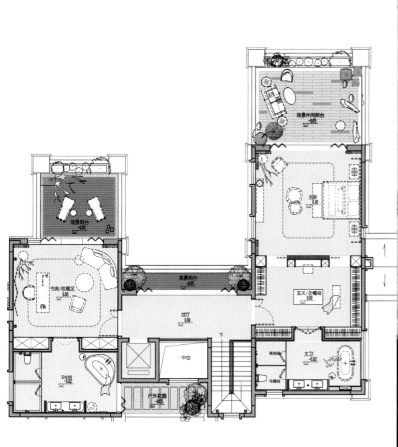

一剪寒枝，期待与有缘者的邂逅。
笔墨深浅，寂寥无声，运用留白艺术，将空白延伸扩展，勾勒山水意境。

流年似水，静候的每个寂静清晨，被倾洒进来的晨光唤醒。

墨色似烟雾缭绕，被阳光拨开，无需多余的笔墨，有缘者便能了悟当中的意境。

雪梅化作白色的涟漪，在水面上漂浮起舞。有缘者揣一颗平常心，从容淡然地闲庭信步，时而看世间风轻雨淡，时而三五知己高谈理想。

空间共山水一色，科技与生活同在
Water and Hill Altogether, Science and Technology in Life

项目名称：东莞翡翠松山湖滨湖花园 C 户型别墅
设计公司：深圳市圣易文设计事务所有限公司
项目面积：620.39 平方米
主要材料：玛莎蒂灰大理石、孔雀蓝玉大理石、意大利冰玉大理石、年轮大理石、路易斯白大理石、墙纸、木饰面、地毯等
软装品牌：锐驰、Bell Table、自在工坊、ACF、驰道、米兰映像、环球视野等

翡翠松山湖坐落于松山湖南部湖滨生态区核心地段——松湖花园旅游区内部，坐拥松山湖一线湖景与松湖花海旅游区的自然生态景观，她匠心于自然、倾情于山水，致力于空间、山、水、园融为一体的城市理念，打造一个"空间共山水一色，科技与生活同在"的新兴城市形象。

身处松山湖，有一种与大城市"钢铁森林"截然不同的感受。天空的洁净、植物的新绿、空气的温润……一切都十分真实，触手可及。设计师用于滨湖花园别墅的每一个精致细节，都源自于对松山湖的醉心与感动。

莞城，一方面是个朝阳般蓬勃发展的城市，另一方面是一个有着深厚历史积淀的城市。设计之初，设计师对空间寄予了厚望，希望既能领先于潮流，又有文化韵味；有西方的浪漫，也有东方的骨气。中西混搭的空间氛围，有着强大的张力却不过分的张扬。希望让每一位进入这个空间的人，都能感受到时光的碰撞与文化差异之美。

金子经
马致远

夜来西风里，

九天雕鹗飞。

困煞中原一布衣。

悲，故人知未知？

登楼意，

恨无上天梯。

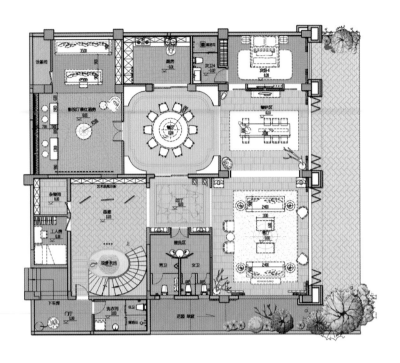

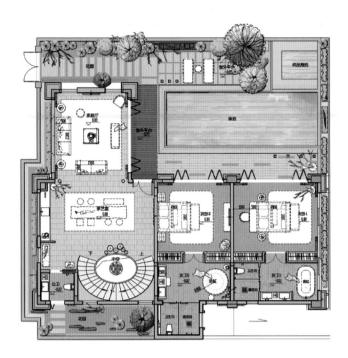

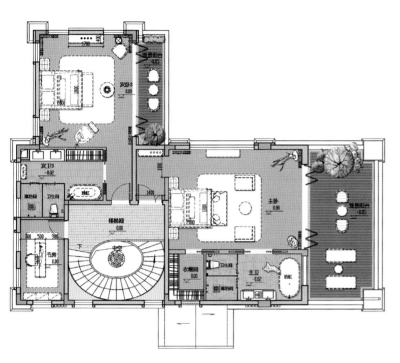

一派江山千古秀

Landscape Always Beautiful

项目名称：银杏汇 A2 户型
软装设计：深圳布鲁盟室内设计
参与设计：邦邦、田良伟
项目地点：浙江杭州
项目面积：264 平方米

杭州银杏汇位于钱塘之江湾，被誉为"杭州封面豪宅"。推开窗户，对岸的西湖群山连绵，山色空蒙之境与钱塘江相映成趣，千年名胜六和塔与钱塘江大桥成为这幅山水卷轴的最佳人文注解，江、山、塔、桥，一幅"江山如画入梦来"的场景，其软装设计由知名室内设计公司布鲁盟担纲。

抽象艺术先驱瓦西里·康定斯基说："艺术不是客观自然的摹仿，而是内在精神的表现。艺术家可以使用他所需要的表现形式，他的内在冲动必须找到合适的外在形式。"

设计师邦邦认同这一观念，在她看来，设计和产品的功能美并不以它自身的实用功能为前提，功能美既来源于功能，又具有审美的超功利性。设计的魅力，在于创造，在于运用物，通过不同的组合秩序，以达到生活环境与人的协调，提供特有的场所感和时空记忆。

在杭州银杏汇的设计中，设计师以睿智精确的创造精神和冲破传统的力量，融入当代精英阶层审美趣味、自身的个性和艺术选择之中，成功地实现了美的现代中式意境。

沉醉东风
关汉卿

咫尺的天南地北，

霎时间月缺花飞。

手执着饯行杯，

眼阁着别离泪。

刚道得声

"保重将息"，

痛煞煞教人舍不得。

"好去者。

望前程万里！"

"功能和形式是现代设计所面对的主要问题，设计作为造物的艺术，两者应是合二为一的。没有功能的形式设计是纯粹的装饰品，没有形式的功能设计是难看的粗陋之物。"她坚信，一个好的设计，大到空间，小到物件的细节，都是一种文化的积淀。

设计谨慎而克制，从传统艺术形式的空白、简约、隐喻等特征中挖掘题材和灵感，以使现代空灵之美得到充分的诠释和体现。

设计师不用繁杂的形式而注重"静中之境"，通过有形之物来把握无形的精神，体现空间空灵与寂静，荡涤人心。她将高级灰贯穿整个空间，剔除繁杂琐碎的装饰，仅以雅丽的梅和轻简的竹进行装点，窗外，是空濛的钱塘江，屋内，是轻巧升腾的诗画意境。

我们常常会思考，对于今天的精英阶层，家意味着什么？家是舒适的、智慧的、简洁质朴的所在。书房的设计中，设计师精心营造一种静默与美的意境。

主卧的设计把意境当成一种艺术处理，作为一种技术手段，形成形式上的抽象。床头的墙面处理，将湖水的色彩通过现代编织手法进行幻化，实现质朴清雅的空间氛围。

在女孩房的设计中，设计师亦大胆采用留白的手法，简洁的家具与素雅的花朵，形成呼应，达到"书不尽意，言不尽言"的境界，营造安静的休憩空间。

老人房以江南意境为主题，通过对墙壁、家具和地毯的处理，使室内远山如黛，窗外碧湖幽幽，一幅宁静优美的江南山水写意画卷呈现在立体的空间中。

区别于传统意义上的陈列方式，该次卧的设计并非面面俱到，而是通过恰到好处的省略，删除繁琐，仅在墙纸上进行幻化，在色彩和细节处理上带给人无限的想象空间。

"简约不是简单，其本质是找出创意的核心，上升设计的品位，设计师要克制自身过度的表现欲。"设计师邦邦如是说。

未来
The Future

项目名称：台北住宅
设计公司：近境设计
设 计 师：唐忠汉
项目面积：258 平方米
主要材料：石材、不锈钢金属、镀钛金属板、
橡木染灰

分划·错置的量体

空间以量体层覆交叠，划分主副场域。以建筑概念的手法纳入室内，丰富视觉的层次。量体在分区上，看似错列布置，却严谨的依着贯穿室内长轴的轴线。由此公共领域与私人领域得以区分开来，各空间布局更为流畅。设计企图创造时代性的极简风格，寓意未来多层面的可能性。

线性·流动的时序

客厅天花板采用不锈钢材质。以线性分割的方式，将灯光纳于其中，巧妙地隐藏并统一了灯光的布局，伴随着次序的光束也强调了线性的流动感，强化主空间的视觉感受。

**水仙子
夜雨**

徐再思

一声梧叶一声秋，

一点芭蕉一点愁，

三更归梦三更后。

落灯花棋未收，

叹新丰孤馆人留。

枕上十年事，

江南二老忧，

都到心头。

材质·形塑冲击

　　木质的温润、不锈钢金属的冷冽、石材的朴质壮阔，不同纹理的交叠与空间中的量体呼应。透过不同材质的温度，强调量体、材质冲击所产生的未来感。吧台区壁材的凿切如瀑布般垂悬直下，与不锈钢天花的平静产生直接性对比。

　　连接小孩房的长廊以白色为肌底，并以层叠渐进的造型隐喻孩童的无瑕和成长。

　　步入主卧，多功能的长桌以山水色泽模糊主副空间性质，透过材质与量体间的呼应，运用不同纹理所阐明的心境体现业主居家之温情、事业之展望以及为人之果决，透过三种温度的转化形塑出居者与空间的对话。

书中画玉

Refined Pictures in Book

项目名称：茂名保利共青湖
设计公司：广州道胜设计有限公司
主案设计：何永明
摄影师：彭宇宪
项目面积：142 平方米
主要材料：木饰面、香槟金不锈钢、大理石

书中自有黄金屋，书中自有颜如玉。在爱书人的眼里，书中有一片海洋，可以无限畅游；书中有一片天空，自由翱翔而无边无际。设计师是爱书之人，他想把自己爱书的那份情怀融入室内设计之中，绘出一片艺术画卷。

山水从来不在远方，诗意一直萦绕身边。设计师认为，简约的中式更为符合现代中国人内敛含蓄的生活方式，有书香，有茶语，有着深厚文化氛围与气息。连通的客厅与餐厅设计，显得更为大气。为了使空间

视觉得到更大的延伸，两扇宽大的落地窗将户外优美景色偷偷引入室内。将厨房的玻璃门喷画上一幅意境水墨画，虽寥寥几笔，却也富含韵味。

暮色阴阴，远山淡淡，于室中，皆在一纸水墨间。皎洁的白色烤漆板散发着如玉般莹润的光泽；温润的浅色木饰面板，自然的材质，为空间增添了几分温馨。将传统中式家具进行简化，保留其优雅舒适的一面。增添上的香槟金属线条，有几分精致，带几分细腻。

**人月圆
甘露怀古**

徐再思

江皋楼观前朝寺，

秋色入秦淮。

败垣芳草，

空廊落叶，

深砌苍苔。

远人南去，

夕阳西下，

江水东来。

木兰花在，

山僧试问，

知为谁开？

　　雅士之室，有奇松几盘、文竹几株、老木几根而趣味不止；白瓷高洁，青瓷淡雅，枯山远景，化而为直线，装点台面；青莲不染，素食可餐，主人家可享尽愉悦光景。文人爱书，居室能到之处皆放置所爱读物；文人识画，柱墙之上都摆上所喜之藏，墨色一团，浓淡适宜。若乘风几许，得清茶素欢，细细品味，慢慢秉读，人生已览尽百态。

承泰山文化，
养天地浩气

Culture from Taishan
Mountain, Noble Spirit of
Earth and Land

项目名称：泰安国山墅别墅样板房
项目客户：中乔地产
设计公司：深圳戴勇室内设计师事务所
软装设计：深圳戴勇室内设计师事务所
摄 影 师：陈维忠
项目地点：山东泰安
项目面积：800 平方米
主要材料：柏斯高灰云石、意大利木纹云石光面、
新莎米黄云石光面、海纹玉云石光面、胡桃木、哑光
乳胶漆、青古铜不锈钢、壁纸等

国山墅背倚五岳之首——泰山，将泰山山居享受与城市中央繁华完美结合，被誉为"中国山文化第一居所"。室内设计将沉稳自然的尊贵气息渗透到室内每个角落，用艺术陈设来增强历史文化气息。融合山元素、自然元素与中国元素，演绎"泰山第一豪宅"的品质典范。

玄关处以拙朴古典的中式座椅作为陈列家具，与青铜质感的圆几形成鲜明的古今对比。客厅家具以现代款皮质沙发、新古典沙发以及原创的大茶几进行组合，营造尊贵丰富的视觉效果。不同时代的家具在空间内的混搭，形成丰富的空间体验，现代中不乏古典韵味。茶几上来自英国的镀银茶具、东南亚的艺术托盘和烛台、中国艺术画册彰显着多元文化的融合。泰山石雕塑秉承泰山文化，延续地域特色，成为空间的点睛之处。

可容纳 10 人同时就餐的西式餐厅，为主人款待贵客提供了足够的空间。西厨吧台区与餐厅融为一体，可以作为餐厅的延续，为宴请更多宾客提供了可能。精炼简洁的现代线条勾勒出沉稳温馨的餐厅设计，富有层次的金属几何线条天花、墙面皮革硬包，配合新颖的水晶吊灯，凸显出餐厅的奢华氛围。

朝天子
西湖
徐再思

里湖，外湖，

无处是无春处。

真山真水真画图，

一片玲珑玉。

宜酒宜诗，

宜晴宜雨。

销金锅锦绣窟。

老苏，老逋，

杨柳堤梅花墓。

书房满墙的书柜营造出沉稳的空间氛围，错落摆置着各种艺术藏品，无不反映主人的尊贵身份。超豪华酒窖内配有恒温红酒柜、造型通透的实木红酒柜及吧台，完全满足业主的收藏与会客需求。影音室理性的纵向切割，加大了空间的进深感，配合感性的酒红色皮质软沙发，提升视觉感受。专业的音画影视设备让主人在家就可以拥有豪华的私人影院。

正所谓"无中式，不尊贵"，室内设计中中国元素的恰当融合，让"泰山第一豪宅"彰显着传统文化精华。

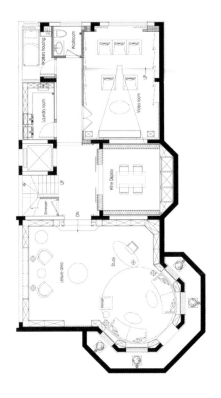

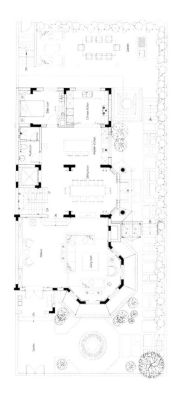
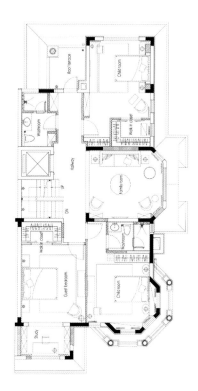
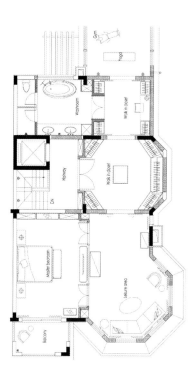

三层是主人的私享空间,男女主人双藏衣间、休息空间、康体空间一应俱全。主卧露台改造成 270 度通透阳光房,作为主人独立的瑜伽及健身区域,布局上也设计成为阳光充足的休闲空间。主卧室的坡顶设计恢弘大气,卧室与休闲区采用艺术玻璃隔断,两侧设计双开门,门开启后可自然形成四扇屏风造型,体现出设计的巧妙。艺术造型的雕塑、彩洞石地面、富有古典气息的家具装饰构筑出一个奢华尊贵的主人私享的卫浴空间。

　　地下一层在布局上划分出三大空间，左侧为主人超大独立书房，右侧为家庭影音室，中间设计酒窖作为影音室"动"与书房"静"的一个过渡空间。整个空间在休闲、娱乐和工作上找到了一个过渡与平衡点，流线清晰而灵活。

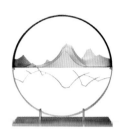

山之沉稳，云之悠闲

Calm out of Mountains, Leisure in Clouds

项目名称：湛江玥珑湖生态城 A1 栋联排别墅
设 计 师：谢雨时
项目面积：255 平方米

玥珑湖地处湛江，以休闲养生文化为主打，凭借国学文化和雷州半岛文化，目标是打造中国南部最大的休闲养生度假天堂。

我们常用博大精深来形容中国的文化，也曾由衷地为中国文化感到自豪和骄傲。

沿袭了 5 000 年的璀璨文明，并不只停留在过去，设计师希望能做一些探索，用中式语境结合湛江当地文化，用当代设计手法让新中式的格调得以再次升华。

山水养生，用山水愉悦生命，这是自古以来的养生方式。以现代新中式为设计风格，融入中国山水元素。以山之沉稳、云之悠闲，营造优雅、厚重、舒适，富有艺术底蕴的艺术空间。

设计源于生活，也源于人的心境，设计师要传达的是一种生活的心境，如此心境，无关悲喜，无关风月，只是一种清风明月，诗情画意式的从容回归。

殿前欢
对菊自叹
张养浩

可怜秋，

一帘疏雨暗西楼。

黄花零落重阳后，

减尽风流。

对黄花人自羞，

花依旧，

人比黄花瘦。

问花不语，

花替人愁。

本案将清淡雅致的设计，融入空间的每一个角落。玄关处，水墨画与唐三彩相互映衬；客厅里，整幅墙面的杏花图与简约设计的现代家具、灯具古今融合；餐厅里，梵高的杏花与中式的梅花插花是东方与西方审美的对话；卧室内，清雅的设计与精致的小品让人体会到的是宁静和质感的生活。

在现实中打拼，回到家里充电。本案以中式的审美，现代简约的生活，给心灵以恬静的归依。

扭院儿
Twitting Courtyard

项目类型：民居改造
设计公司：建筑营设计工作室
设 计 师：韩文强、黄涛
家具配饰：宋国超
摄 影 师：王宁、金伟琦
撰　　文：韩文强
项目地点：北京
项目面积：225.4 平方米
建筑面积：161.5 平方米
主要材料：灰砖、橡木板

项目位于北京大栅栏地区的排子胡同，原本是一座单进四合院。改造的目的是升级现代生活所需的必要基础设施，将这处曾经以居住功能为主的传统小院转变为北京内城一处有吸引力的公共活动场所。

规整格局之下的扭动

改变四合院原本庄重、刻板的印象，营造开放、活跃的院落生活氛围。

基于已有院落格局，利用起伏的地面连接室内外高差并延伸至房屋内部扭曲成为墙和顶，让内外空间产生新的动态关联。隐于曲墙之内的是厨房、卫生间、库房等必要的服务性空间；显于曲墙之外的会客、餐饮空间与庭院连成一个整体。室内外地面均采用灰砖铺就，院中原有的一颗山楂树也被保留在扭动的景观之中。

**最高歌兼
喜春来**

张养浩

诗磨的剔透玲珑，

酒灌的痴呆懵懂。

高车大蠹成何用，

一部笙歌断送。

金波潋滟浮银瓮，

翠袖殷勤捧玉钟。

对一缕绿杨烟，

看一弯梨花月，

卧一枕海棠风。

似这般闲受用，

再谁想丞相府

帝王宫。

使用模式之间的扭转

　　小院主要作为城市公共活动空间，同时也保留了居住的可能性。四间房屋可被随时租用来进行休闲、会谈、聚会等公共活动；同时也可以作为带有三间卧室的家庭旅舍。整合式家具用来满足空间场景的弹性切换。东西厢房在原有木框架下嵌入了家具盒子。木质地台暗藏升降桌面，既可作为茶室空间，也可以作为卧室来使用。北侧正房也设有翻床家具墙体和分隔软帘，同样可以满足多用需求。

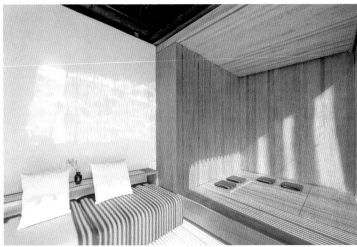

院子是"四合院"这种建筑类型的生活乐趣核心所在。而"扭院儿"就是在维持已有房屋结构不变的条件下，通过局部关系的微调改变院落空间的气质并满足多样的使用，让传统小院能够与时俱进地融入当代城市生活之中。

墨痕
Ink Trace

设 计 师：连君曼
微　　信：LJM321JM
摄 影 师：周跃东
项目施工：明月楼装饰制造工作室

业主喜欢现代风格的简洁，也喜欢中式的质朴，希望空间清淡而无绚丽的色彩，要求风格老少皆宜，不要太个性张扬，控制在大众审美都能接受的前提下而别具特色。

设计师在处理空间时，通过巧妙的隐藏，让空间显得开阔而疏朗。如入门处左侧格栅推拉门内藏有鞋柜，收纳功能极为强大。另外，玄关侧面设储物间，将冰箱等笨重产品置放其中。顶楼也有储物间，将杂物统统收起来，空间自然开扬整齐。

本案的中庭和玄关落差半层，设计师以水面进行区域分隔，浅浅的水面无须采用防护栏，为空间添了一分灵动之气。

客厅侧面一堵墙是原建筑的后门，设计师觉得一扇防盗门暴露在客厅很不美观，便拆了改出去，门外多个缓冲空间，再摆个柜子放整理花园的工具，阳光的射入缓和了本来只有一边窗户的不平衡感。

雁儿落兼得胜令
退隐
张养浩

云来山更佳，

云去山如画，

山因云晦明，

云共山高下。

倚杖立去沙，

回首见山家。

野鹿眠山草，

山猿戏野花。

云霞，

我爱山无价。

看时行踏，

云山也爱咱。

本案的餐厅也做了较大的改动，原餐厅面积太小，与别墅的格局非常不相衬，设计师将露台上有顶的部分包入室内，图中红柜子所在位置就是向外包出来的空间，空间拓展后，用餐空间变得更为舒展。

设计师还坚持将露台包起来，做成阳光房。因为按原户型，在推拉门内挂窗帘，视线受到阻隔，景深不够和小套房感受差不多。在设计师看来，奢侈这种感觉，不应局限于用造价昂贵的装饰，宽裕的空间也是一种奢侈。

　　主卧门口，一面红墙加一个白圆窗成为令人注目的端景。这样的设计也是有的放矢的，因为楼梯走道依靠玻璃借光，导致光线不够好，设计师建议用红色点缀。业主担心过于艳丽，设计师坚定地回答："中国红，非常适合！"

　　主卧，中西合璧，业主觉得中式家具太硬不舒服，不过由于主家具选择弱化个性的款式，次家具的形体起了引导作用，依然呈现中式韵味。

　　更衣室是中庭改造成的，位于客厅水池的正上方。主卧纵深较长，自然光照射到这里已经非常衰竭，设计师觉得进更衣室拿件衣服都要开灯实在无法容忍，于是阁楼倒楼板的时候，地面特意留了一块圆玻璃，引入天窗。在阁楼工作室，椅子下面的那块圆玻璃就是楼下更衣室采光的圆形光顶。

澈之居
Purified Residence

项目类型：独栋别墅／私人住宅
设计公司：玮奕国际设计
摄影师：JMS
项目面积：740 平方米
庭院面积：400 平方米（户外）
主要材料：钢刷橡木皮表面深灰色喷漆处理、意大利进口白色卡拉拉白大理石、THK/9mm 钢板、表面白色冷喷漆处理、德国进口特殊水泥涂料、石皮、毛丝面不锈钢、比利时进口黑板漆、德国进口 Pandomo、橡木海岛型木地板、法国进口 casamance 壁布

对于生活的过往记忆，有些人是有特殊情感的。重视"人的感受"，延续曾经的生活经验并为业主创造新的生活体验，是本案最精彩也是最重要的核心所在。

白色，为本案设计中最重要的记忆因子。通过运用建筑的许多不同块状体置入纯粹的白色因子，巧妙地塑造各楼层的机能空间，恰如其分地营造出清澈、舒适而雅致的氛围。片状鳞片式的造型楼梯及星星般灿烂的垂直吊灯，贯穿且连接各楼层。在空间构建上达到机能区分的同时，跳脱出严谨的几何形体，传达出一份惬意的休闲感觉。

**水仙子
咏江南**

张养浩

一江烟水照晴岚，

两岸人家接画檐，

芰荷丛一段

秋光淡。

看沙鸥舞再三，

卷香风十里珠帘。

画船儿天边至，

酒旗儿风外飐。

爱煞江南！

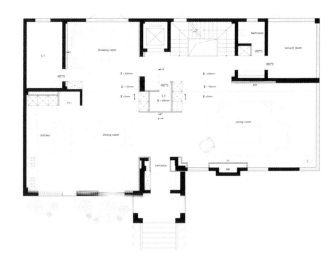
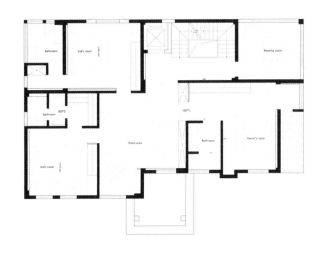
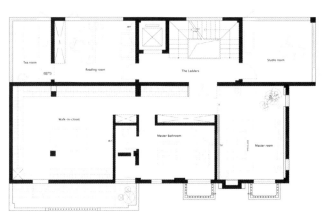

一楼空间由置中的"BOX"设计概念出发,将整个场域区分为起居室、餐厅(含开放厨房)、次起居室以及阅读室。置中的"BOX"作为空间的核心,如同壁面的字意,传达了家的核心价值,成为整个空间的焦点。微抬两阶的漂浮式阶梯处理,加深了区域界定的力道,使空间富有层次感。大块的落地窗使空间具有足够的自然通风与光线,并同庭院景致相呼应,使家人不用外出,便轻易觉察到时间的流逝和季节的变换。

二楼空间以儿童成长所需的场域作为主要连接的环扣。设计在柔和温暖之中，增添了跳跃的色彩和不规则的形状，既创造了温馨的成长环境，也符合儿童活泼好动的天性。

三楼为主卧房楼层，中间主浴所在的位置如同隐性的"BOX"，将主卧房区分为睡眠区及更衣区。而浴室内部的中岛洗脸台的设计，其实体的"BOX"规划，使得虚、实的盒体空间概念得以更精准的落实。

　　地下一层为男主人招待好友的接待区，在楼梯间运用艺术品的陈列，做了一个调性的区分及转变。色彩以灰黑色调为主，质朴的灰与自然光交织，使人放松了身心，大气沉稳之中透露出些许淡淡的禅味。

　　整体设计质感低调而内敛，空间拥有了岁月静好的力量，使家人们的生活获得了不同的满足。

秋韵·向度
Autumn · Dimension

项目类型：别墅
设 计 师：唐忠汉
摄 影 师：李国民（Kuo-min Lee）
项目面积：455 平方米
主要材料：稻香木多层钢刷、安格拉珍珠、蒙马特灰、黑铁、钢琴烤漆、壁布

人本

运用石与木中独有的生命力作为结构主体，交织出或平静或躁动的跳跃，使之深沉人文底层带出风华、美和韵律。

空间基底色调采用大地暖色系，各种深浅褐色与调和的棕、灰、白色系造成画面的协调多变。

维度

受限于原生基地为五层楼的一般住宅建筑，首先打破原有框架，楼层分户的限制，将此重新定义，独门独户的住宅空间融入复层别墅的概念，错综交叠的使用贯穿原建筑结构体，创造出三种新式的复层户型，让一到三楼各层分别拥有专属地下层与入户花园，顶楼住户享有阁楼以及景观露台，就是所谓的藏山独栋。

柳营曲
叹世

马谦斋

手自搓，

剑频磨，

古来丈夫天下多。

青镜摩挲，

白首蹉跎，

失志困衡窝。

有声名谁识廉颇？

广才学不用萧何。

忙忙的逃海滨，

急急的隐山阿。

今日个，

平地起风波。

共存

    客厅、餐厅以材质间相互对比与高低天花的错落，区分空间使用功能，打破格局界限，强调视觉划分的趣味性。

    在餐厅侧墙之中，运用进退层次的规划产生空间的量体，诉求空间的机能本质。远观下大气壮阔的造型，近看则带有似无痕却蕴含细节的巧思，利落明快之余，更具美学深度与精致性。

轴承

集整体规划后此户为二楼结合地下一层、地下二层空间的户型，以独立电梯串联各层使用空间。二楼双动线入口借由十字轴线的设计手法，串起整个场域。

地下一层、地下二层以挑高垂直的建筑物特性，将攀岩墙、健身房、篮球场等特殊活动置入，形塑出不同的空间体验。借由大面开窗将光源、绿带导入地下楼层，同时也映照在攀岩主墙上，随着日夜光影变化开启更深层的感官体验。

摆渡
Ferry

设计公司：云邑设计
设 计 师：李中霖

在城市这条喧嚣的河中，若能顺着凉风，在荡漾的微波间，来趟悠闲摆渡，无疑是人们满心期待的风雅乐事。

考量此空间未来将以度假、休闲为主，因此设计主要在视觉层次与量体的铺陈上做思考。

大量导入开放、轻盈、湖（弧）上摆荡的意象，浓缩弧线的柔软身段，抚慰天、地、壁之间所有不和谐的冷硬与棱角。

黑、灰、白依比例相互串联的安定色阶，即便是在偏白色系静谧的氛围里，也能找到恰到好处的归属。

沉醉东风秋景
卢挚

挂绝壁松枯倒倚，

落残霞孤鹜齐飞。

四围不尽山，

一望无穷水。

散西风满天秋意。

夜静云帆月影低，

载我在潇湘画里。

留白，凸显双色地坪和落差的优美曲线，灰色磐多磨施作时独特的流纹，带来意在言外的想象空间。天花板以长轴均分一半的水平高低，与另一半向阳的象征性弧线相呼应，连同电视墙、家具、灯饰，都以工艺难度偏高的弧，串联鲜明的设计语汇。

"滑梯"是此案另一个关键概念:包括以人造石一气呵成的餐台与桌面、睡眠区衔接地坪落差,以及和缓弧度、床头台柜的外观特色等,都检验着想法与实际之间的距离究竟是长还是短?尤其是滑梯式地面大胆以雾面钢烤手法处理,大大提升质感与细节的表现,同时也让内嵌于地板间的床座设计,得以留下18厘米最美的地表线,犹如湖上浮岛一般,谱写空间中诗意满满的某段章节。

理想之城，无需远方

Ideal City in Hand

项目名称：蔚蓝卡地亚蔚蓝阁
室内设计：SCSY、陈建中
景观设计：AECOM

在成都，天府新区作为国家级新区，是成都城市"双核"之一，承载着"再造一个产业成都"的使命，拥有不可估量的发展潜力。这里有3 000亩的天府公园，集企业总部、会展、休闲、娱乐等于一体的未来城市中心。在这个绝佳的区位环境里，蔚蓝卡地亚作为高端生活引领者，一直在思考，怎么样才能把高品质生活和产品奉献给精英阶层。于是以"不能改变一座城，就为你创造一座城"的品牌大理想，来创建一座灵感世界的花园城市。以悉尼达令港为创意蓝本，将"花园城"打造为最国际、最时尚、最宜居的花园城市典范。

"蔚蓝卡地亚"力邀全球知名的设计团队，于天府之城的新中心打造一座"花园城"。设计团队包括全球排名第一的酒店设计事务所WATG、全球景观设计排名第一的AECOM、新加坡顶尖设计事务所SCSY及蔚蓝卡地亚御用大师陈建中先生等。以现代时尚的风格演绎独具匠心的艺术格调，把高层豪宅雕琢为"空中别墅"。

传世建筑的当代演绎

蔚蓝阁采用当代时尚的设计语境，运用大量的极简线条，使用的设计语境及表现出来的线条轮廓感，让我们想起了新加坡SCDA设计的纽约公寓项目Soori High Line，简洁的设计中融入了富有人文气息的度假风情。只有在别墅设计中才能罕见地看到这种对建筑轮廓和线条运用的极致匠心。

蟾宫曲
扬州汪右丞
席上即事
卢挚

江城歌吹风流，

雨过平山，

月满西楼。

几许年华，

三生醉梦，

六月凉秋。

按锦瑟佳人劝酒，

卷朱帘齐按凉州。

客去还留，

云树萧萧，

河汉悠悠。

别墅级的平层客厅挑高设计

"蔚蓝阁"最大的亮点是所有户型均拥有 6.3 米高的客厅挑高设计。从 150 平方米到 220 平方米的户型，都能实现户户 6.3 米全挑空客厅的设计。这样的挑空看似简单，其实对建筑设计具有极高的要求，要求整个建筑楼层的客厅设计错位叠加，且所有的挑空设计要符合人居要求，同时，大横厅大面宽的全玻璃幕墙的立面打造，对美观及功能的要求也会更高。唯有匠心，才能打造出如此奢侈的户型设计。

为了展示高挑空设计带来的奢享空间，SCSY 和陈建中先生设计了三款不同风格的展示样板空间。A 户型为新东南亚风格，B 户型为曼哈顿风格，C 户型为现代欧式风格。三种风格截然不同，但都采用现代手法来演绎，将挑空设计的尺度空间和功能美观发挥到极致，让所有业主拥有的不仅仅是一套房子，更拥有了"空中别墅"的"奢美"人居意境。

大尺度空间对奢侈的定义
超大面宽

　　蔚蓝阁 16~21 米的超大面宽设计，不仅带来了别墅级的居住感受，且让高层建筑有了无敌的视野景观。配合整个"花园城"的线性规划，超大面宽设计将户外景观最大尺度融入室内，让每个户型都能有最好的景观视野及阳光照射。

让生活充满尊贵的仪式感

　　"空中别墅"的设计匠心除了传世建筑和高挑空，还有室内空间处处彰显的仪式感。三厅合一的设计，将餐厅、客厅、多功能厅巧妙连通，营造别墅般舒适的互动空间，让家更聚人气。

　　独立玄关、长走廊等空间设计带来千万级以上别墅的空间美学，能满足主人高品质的生活需求。220 平方米户型还特意设计了一个大吧台，不仅能极好地丰富生活，还可以起到连接厨房及餐厅的功能，同时展现了大格局的设计，通风及采光都非常完美。

奢享空间

蔚蓝阁以"空中别墅"来定义自然时尚的生活方式,通过极致的空间设计来演绎奢华的艺术格调,极大地提升了家的品位。既让住户体验到了前卫的高端生活方式,又能奢享完美空间带来的幸福。

蔚蓝阁的设计可圈可点,比如以当代融合时尚的设计格调定位一个优雅的家。赋予空间艺术走廊的设计,让这里的每一位主人能真正体验到绿色、生态、时尚的生活方式。

以别墅的品质来打造高层建筑,以别墅的空间感来营造舒适奢华的空间,以别墅的仪式感来追求极致的居住体验。

这些点滴凸显了"蔚蓝卡地亚"一切为了极致的匠心精神,践行了作为高端生活引领者的品牌愿景,为追求高品质生活的人们实现一个"空中别墅"的梦想,奉献一座繁华都市的理想之城!

现代手法
重现国学书院气质
Modern Techniques for
Representing Sinology
Academy

设计公司：梁志天设计师有限公司（SLD）
软装设计：集艾室内设计（上海）有限公司
设计总监：黄全
设　计　师：陆曙琼、汤胡莎
摄　影　师：邓金泉
项目面积：150 平方米

南昌有"南方昌盛""昌大南疆"之意。南昌地处长江以南，水陆交通发达，形势险要，自古有"襟三江而带五湖"之称。南昌先后自有豫章（汉时的称呼）、洪都（隋唐时的称呼）等称谓，是历代县治、郡府、州治所在地，向来繁荣昌盛。南昌还是一座风景秀丽的山水绿色都城，赣江穿城而过，城内河湖纵横，城外青山积翠，生态环境一流，南昌更是一座充满活力的现代动感新城，在"大气开放，诚信图强"的城市精神引领下，正大踏步走向全国、融入世界，日益呈现出全面崛起的态势。

项目名为海珀·朝阳，海珀是绿地集团高端的商务品牌，这也传递出绿地集团矢志为南昌打造高端品牌的意念。

集艾设计作为本案的软装陈设规划师，以现代手法重现国学书院气息，在精致典雅中体现大气尊贵之感。空间格局端庄对称，符合中国传统文化中对秩序、稳定的追求。中国人讲究"耕读传家久，诗书继世长"。所谓"富贵传家，不过三代；诗书传家，继世绵长"，千百年来几成共识。南昌也是一个文风鼎盛的城市，设计师以现代国学书院的概念引导空间概念。从客厅到书房，都安排一定比例的读写空间，阅读更是随时随地。此外，走廊、卧室的挂画，艺术气息盈满空间，让文化成为空间最美的装饰。色彩以白色打底，大地色系为主，红色跳跃，基调稳重而不沉闷，看似简净实则层次丰富，暗合中国人内敛低调却不甘平凡的审美取向。

墨舍
Ink House

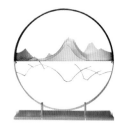

设计公司：AD ARCHITECTURE| 艾克建筑设计
主案设计：谢培河
参与设计：纪佳楠、周倩、吴奋达
摄 影 师：欧阳云
项目地点：广东汕头
项目面积：400 平方米
主要材料：科技木饰面、柏玉灰大理石、白大理石、墙布、哑光白漆、大津泥

家，是一个载体，承载着我们的生活与个性，记录下内在的心怀与情愫。墨舍，一位书法家的生活之所，藏着寄身于翰墨的文化情结，也守护着艺以养心的精神之境。

设计师将空间的塑造与人的行为模式相结合，留心业主的生活习惯和兴趣爱好。在整体的空间布局上，以深浅相宜的笔墨描摹出幽远凝练的基调，明朗干练的硬装构图搭配轻盈圆润的内饰达到刚柔相济的效果。

落实到具体而微的设计细节上，通过艺术画、地面淡灰色天然石、墙体点墨状天然石、定制水墨地毯来烘托墨的气息，为理性的空间形态注入艺术与人文情怀。如此，大见刚，细显柔，虚实相间，直抵纯粹的心境。

40 平方米的入户阳台，设计师将其打造成业主的接待空间。橡木家具与静气内敛的水墨山水形成呼应，赋予空间古代文墨灵气与现代艺术氛围。材料上的对话与空间的重构，体现主人文雅与艺术的生活情趣。

人月圆
倪瓒

惊回一枕当年梦，

渔唱起南津。

画屏云嶂，

池塘春草，

无限消魂。

旧家应在，

梧桐覆井，

杨柳藏门。

闲身空老，

孤篷听雨，

灯火江村。

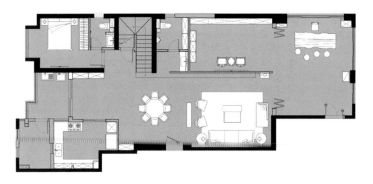
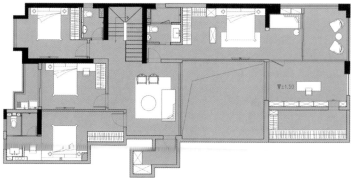

客厅、餐厅与入户花园，空间互相渗透，灰白相映，视线交织。空间多处留白拿捏得恰到好处，打造最贴合主人日常起居的空间尺度。

楼梯是设计中的亮点，木盒子作为扶手功能从上而下链接着空间，打破常规的巧思之举增加了空间的趣味性与体验性。

主人房是居住中的私密空间，容纳基本的休息功能之外，也供主人享受阳光与红酒，更有挥洒墨趣之地。惬意之中带有浓郁的艺术氛围，享受随心所欲的自在与不羁，真正体现设计为人所用的价值所在。

墨舍，住为安身，墨以修身，取法虚与实、刚与柔、留白平衡的笔墨书法哲学，成就东方意境与当代美学相融合的生活场所。

热带植物王国里的悠然禅意

Zen in Kingdom cf Tropical Plant

项目名称：三亚南枫禅墅
设计公司：深圳 GND 设计
设计师：宁睿

南枫禅墅位于风景秀丽的三亚，但项目地块在市区内，并不是一线海景，因此在南枫禅墅的定位初期，GND 设计集团的设计师宁睿为业主选定了以热带植物为元素的南国风情，而非传统的海洋主题，以此与其他三亚项目区分，给客户带来耳目一新的设计。别墅客厅里东南亚风格的家具设计，配以植物为元素的色彩抱枕，使空间充满了热带度假气氛。龟背竹、芭蕉叶等元素的应用，使空间整体与自然结合，让度假者充分放松，亲近自然。主人房幔帐与吊扇，都凸显了度假的悠悠慢节奏。一株绿植给卧室带来大自然的气息。绿色的躺椅与有趣的靠枕让人尽享惬意生活。南国风情的主人房让人耳目一新；东方元素的老人房，使人联想到江南的诗情画意。老人房里柔和的灯光营造出舒适的氛围。客卧里，亚热带阔叶植物营造一室清凉。设计大胆的男孩房，以森林为主题，爬梯、吊床、猴子、树影，都极大突出了孩子的特性，并极好地与自然结合，使空间得以延伸。南枫禅墅的地下影音室，也用芭蕉图案的壁纸，营造出东南亚热带雨林的气息。质朴的实木茶台，雅致的茶席，是主人以诚待客的会客之所。

充满生机的南国风情，与悠闲怡然充满情趣的家居陈列，共同构成三亚一道美丽的生活风景线。

山坡羊
燕城述怀
刘致

云山有意，

轩裳无计，

被西风吹断功名泪。

去来兮，

再休提！

青山尽解招人醉，

得失到头皆物理。

得，他命里；

失，咱命里。

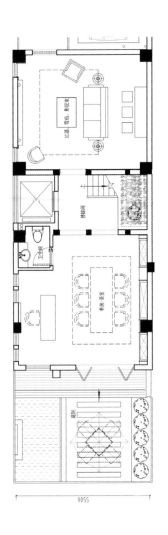
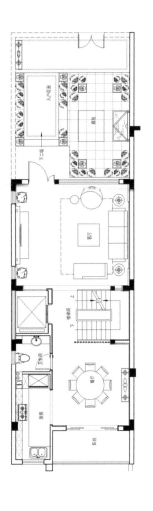
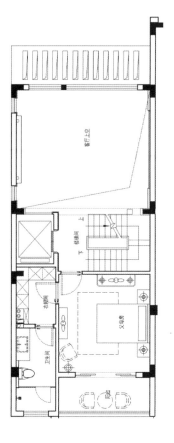

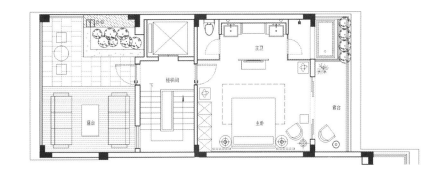

眼前的灰不是灰
The Gray Be Not That Gray

项目名称：郁金花园
设 计 师：葛晓彪

眼前的灰不是灰
你说的白是什么白
人们说的天空蓝
是我阳台前那团白云背后的蓝天
我望向山的眼
看见一列风车在起舞
是不是上帝将梦挂在了我窗前
忘了带走
——改编自萧煌奇《你是我的眼》

这是一栋位于宁海顶层套内面积为 240 平方米的复式公寓，在北京某证券公司工作的张小姐因这里视野开阔和风景独特而选择这里，作为其返乡度假以及和家人朋友共聚时的居所。

推门而入，一个干净利落的灰调空间，柔和、沉稳、安静，呈现宁静雅致的氛围。因为女业主的关系，设计师在灰色系的基础上调和了部分紫色，呈现出更为细腻和柔软的肌理与感官。

这种色调的宁谧柔和，在自然光下呈现微妙细腻变化，如同我们的生活，看似一成不变，内里的心情和感受却又是精彩而不同的，当然色彩只是这个空间的基调，主要用于对空间氛围的调和以及业主审美的匹配，设计的价值更多地隐藏在外面看不到的部分。

清江引
秋居
吴西逸

白雁乱飞秋似雪，

清露生凉夜。

扫却石边云，

醉踏松根月，

星斗满天人睡也。

客厅位置与餐区位置平行，通过门廊过渡，具有较好的协调性，两边设计折叠门，可以适当调整光亮强度和空气的流速。客厅沙发创意性的嵌在了背景墙内，这种处理手法，不仅给隔壁的卧室留出了收纳空间，同时保证了其良好的尺度，使其具备较好的空间体验。而对客厅本身来说，不仅让对称美学的装饰体系有了更好的线性轮廓，更重要的是在功能设计上实现了一些突破，比如

许多手边的电子设备有了一个舒适的充电位置。

壁炉是家中的重要装饰，它与顶灯、茶几形成了良好的互动，为生活增添了许多审美的元素，增加了生活乐趣。顶灯是一个两头不均分的灯组，其两边的不均衡恰恰成就了客厅整体的均衡，灯杆和灯珠恰恰处于空间的中间点和茶几的中间点上，十分巧妙。

这套房子原本的格局在设计师看来有许多不合理的地方。尤其是楼梯放在了空间的居中位置，导致客餐厅的面积和空间动线受到影响，餐厅的面积变得比较小，而且采光不是很好。而在当代社会，餐饮空间在生活中是一个十分重要的空间，是家人维系感情和交流的重要场所，因此设计师对整体布局做了较大的调整，将楼梯调整到西北角之后，整个空间格局被打开，不论是客餐厅还是休闲空间的布局都得到了释放，而且所有的卧房都被调整到了南边，得到了最好的阳光与风景。调整后一楼的平面十字动线与双阳台布局让这里的通风、采光都得到了极大改善，坐在中轴线的任何一个位置，视野都十分出色。无论是在客厅还是餐厅，又或者是在二楼的卧室之中，都可以看到这个小区最好的景观。

就餐区在当代社会的交际中起到了越来越重要的作用，所以设计师将就餐区的功能扩大化，用一个 12 座的大餐桌满足业主和家人朋友聚餐、交流或者下午茶的需要。整个空间没有过多的装饰，仅以一幅当代主义的几何画作作为提亮空间的元素。由于餐厅位于一层十字布局的中心线上，采光和空气流向变得十分出色，空间的舒适性得到了有效提升。

就餐区的设计主要有两个创新点：其一，通过边柜的设计，将中央空调的出风口和回风口进行了合理的位置排布，回风口设计在入户口之上，隐藏较好，出风口设计在酒柜上方，让平时无法利用的空间有了实际的用处，同时不影响餐厅的层高，而且空调直线送风位置在桌子中间，不会对人造成直接影响。其二，对出风口进行了细节处理，装饰元素与室内风格融合统一，十分协调，实现了功能与审美的统一。

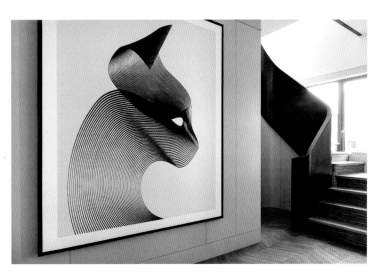

客厅隔壁书房和活动室合为一体，书桌的可折叠结构让空间的自由度得到了很大的提升，鉴于女主人的朋友有可能会带小朋友来玩，设计师将趣味摆件放在了一张地毯上，小朋友可以坐在地上玩耍，更加符合他们的天性和童真。而窗户的折叠百叶木窗，不但可以调整光亮，而且不影响通风，在夏天，关上木窗，这里的空间依旧凉爽。大人则可坐在舒服的单椅上，喝杯咖啡，陪伴可爱的宝宝们。

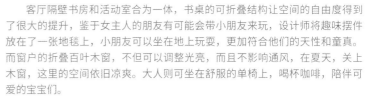

1 DININGROOM	客厅	7 BED ROOM	老人房
2 KITCHEN	厨房	8 LAUNARY	设备阳台
3 LIVING AREA	客厅	9 LAUNARY	露台
4 TOILET	茶室	10 LAUNARY	阳台
5 TOILET	卫生间	11 STOREROOM	储藏室
6 STUDY	书房		

一楼的卧室为父母准备，所以整体色彩更深一点，壁纸选用比利时的环保壁纸，床头两侧的羽毛壁灯轻柔而温馨，安全是对老人最大的关爱。公卫和卧室的卫生间镜像分布在楼梯下，减少了家里的管线排布。

沿着弧形楼梯蜿蜒而上，北窗的光在留白的墙面上投下阴影，形成动态的装饰。门廊的尽头是阳光房，一道山墙遮风挡雨，墙上开了一个方口，当你缓缓走过，视野略过，景色变化，俨然是一幅自然百变的风景画卷，设计的创意就在这些细节处无声浸润。

在整个空间中，设计师始终保持了不同灰度的主调色系，但卧室中的元素和细节的变化，却让这种高级灰呈现丰富的细节和不同的人文内涵，主卧壁纸有日系浮世绘的感觉，却呈现当代审美的精致细节，而选自英国的梳妆台，用一条弧线，将女性的柔美和温情导入其中。在黑白灰基调的主卫中，一层柔光浮动，可以想象在这种梦幻的空间中沐浴，是一种怎样的体验。

1 HALL	通道	5 LAUNARY	露台
2 TOILET	卫生间	6 TOILET	卫生间
3 TEAHOUSE	茶室	7 BEDROOM	主卧
4 BEDROOM	女儿房	8 CLOAKROOM	衣帽间

一袭烟雨任平生，
一曲江南风波定

All Enjoyment in Misty Rain, Only Tranquility in Jiang-Nan Music

项目名称：杭州绿城江南里
设计公司：邱德光设计事务所
设 计 师：邱德光
参与设计：江晋栩、陈惠君、庄媛婷、江鹋如、
姚道元、陆钰雯
摄 影 师：杨光磊
项目面积：650 平方米
主要材料：意大利银灰洞石、晚霞红玉石材、
镀钛版、烤漆、檀木皮

"欲把西湖比西子，淡妆浓抹总相宜"。在我们的印象中，杭州是一个如诗如画的地方，繁华优雅，人间天堂，若在杭州城中拥有一座小院，以茶会友，晴耕雨读，是何等诗情画意。

古老的杭州，除了西湖，还有质朴、淡雅的粉墙黛瓦，空斗墙、观音兜山脊或马头墙，高低错落的节奏，圈住内部的庭院深邃……优雅古风，还能在现代生活中觅到知音吗？

本案位于杭州市拱墅区小河路和风景街交叉口，紧邻京杭大运河，斜对拱宸桥。在铺着青石板、矗立传统建筑的老街上，身穿摩登服饰的现代人穿梭其中，有些穿越，却也和谐，这也是江南里所传递的意蕴。

清淡平和

相比邱德光其他的作品，江南味儿有些"淡"。就像杭州菜，清鲜平和，忠于本味。他常说自己像一名厨师，设计有点像做菜时加的调味料，强化生活本质的味道，让日子过的更有滋味。

多年前与绿城合作的桃花源，已是里程碑式的作品。时过境迁，杭州在变，中式在变，消费者的审美也在变。

"时尚、灵动、东方"是本项目的设计理念，在徽派建筑与苏州园林的基础之上，运用现代手法加以诠释，如同披上一层薄纱，缔造了时尚、梦幻的韵律。入口玄关大幅玻璃夹纱屏风、灰白色的建筑窗花、内庭花园的玻璃盒等细节，让人不经意间领略别样的江南。

夜行船
秋思
马致远

百岁光阴如梦蝶，

重回首往事堪嗟。

今日春来，

明朝花谢。

急罚盏夜阑灯灭。

利名竭，是非绝。

红尘不向门前惹，

绿树偏宜屋角遮，

青山正补墙头缺，

更那堪竹篱茅舍。

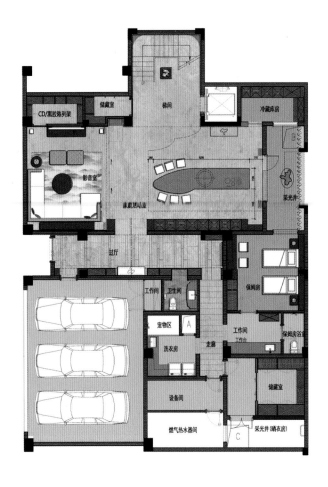

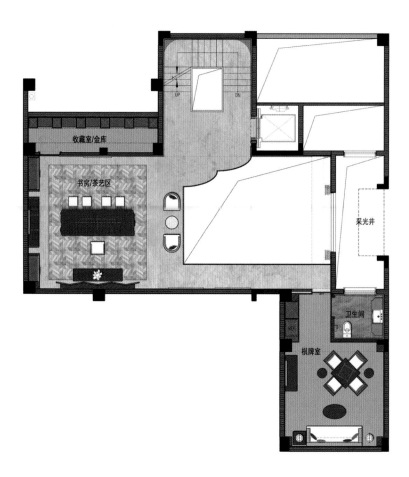

内·外借景

庭与院的共生，室内空间与室外庭院的互动是本案重要的设计考量。一楼落地窗向庭院敞开，开门见园林，关门是画轴，开关皆风景。门窗打开时，空间完全融入自然，庭院延伸了室内空间的体量。内置庭院的设计令每个房间、每个角度都能获得良好的景观视线。居住其中可在风景中徜徉，享受古代文人私家园林的文化质感。

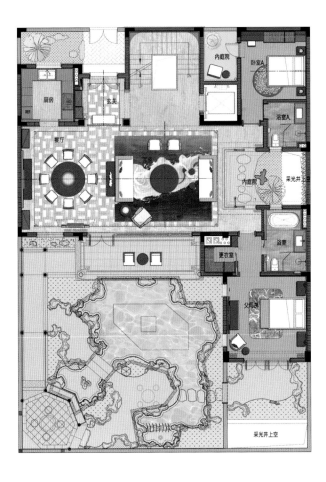

物语东方

　　邱德光喜爱借物与物、物与空间、物与人无声的对话来展现东方美学精神。水墨、工笔画频繁出现在各个空间里，与充满设计感的灯具、桌几、配饰浑然一体，诉说着大繁至简的共性。

　　在杭州，下雨是一种日常。雨丝编织的竖向空间，点缀不断上升的小水珠。仿佛在某一刻，时间也被静止了，为原本硬质的空间赋予灵性。

人居空间

在邱德光的设计理念中，空间设计其实就是一种生活设计——生活中每个场景模式、行为方式，都是设计的重要依据，以"人"为出发点，创造出适合人居的空间。

远眺沉浸于烟雨中的江南美景，清茶一杯，古琴一阕，评弹一曲，粉墙黛瓦……

定制生活

就地下生活空间而言，设计不只是关注西厨与餐厅基本功能，更把目光投向生活空间将会发生的行为模式，将地下大空间留给开放性的生活方式。

厨房与餐厅，具备更多功能。和长辈学习厨艺，和朋友一起做饭，举办派对……从某种程度上来说也是个交流沟通的地点。

材质气韵

空间中每种材质皆有其特定的意义，例如大面积的银灰洞石，取自基地旁的京杭大运河，以表达"行云流水"的概念，而客厅江水意象的地毯，呼应其中，搭配山水挂画，柔性材质与艺术装饰呈现出可亲意境。

棋牌室、收藏室、茶室的设置满足了家庭内部读书研习的诉求。老年房的贴心设计，将庭院动静区分，提供更多静养的私定空间。于古典秩序的意境中，抒写气韵灵动的现代音符，也许正是这一曲江南里的妙处。

恍 妙憺罗 突顿吐 黄芳遂 铜绢 者
不动崇方来 不见 金 不才 钲室 睇地
至 栝躯 修 标识多清
白者地六官别 阑题清 青

酒店、会所 及其他

杭州泛海钓鱼台

Hangzhou Fanhai Fishing Terrace

项目名称：杭州泛海钓鱼台酒店
设计公司：CCD 香港郑中设计事务所
项目地点：浙江杭州
项目面积：34 820 平方米（一期）、
　　　　　19 767 平方米（二期）
主要材料：天然木材、石材、金属、皮革、
　　　　　玻璃、布艺

杭州作为我国著名的七大古都之一，历史悠久，底蕴深厚，风景如画，名流辈出，被誉为"人间天堂"，拥有令人心驰神往的资本和特色。

"钓鱼台"品牌源于拥有八百余年历史的北京阜成门外钓鱼台风景区，同样散发着浓厚的历史韵味。

当有着浓厚中国风格的品牌与历史悠久的古城相遇，会产生怎样的化学作用呢？

"钓鱼台"品牌是钓鱼台国宾馆的传承。它的选址一直都非常注重历史和文化的积淀，从某种程度上说，钓鱼台酒店是一个窗口，旨在以中国神、国际范的府邸大宅概念，从中国哲学和美学的底蕴出发，塑造世界一流的国际酒店品牌。

建成之初，杭州泛海钓鱼台酒店主要用于 2016 年 G20 峰会，G20 峰会过后，它的中国府邸气质和真容逐渐被更多人知晓。它品位高雅，既熟知中国又博通世界且眼界开阔，堪称钱塘江畔的"唐顿庄园"。

大堂是客人进入酒店的第一空间，是府邸的"客厅"。CCD 团队从中国传统院落和园林中得到灵感和启发，在平面布局中借鉴了院子的概念，隐含了北京的四合院和徽派建筑四水归堂的结构布局。正面的正屋设置了全日餐厅，右侧是接待台，左侧是大堂休息区。采用了有传统韵味的院落式布局，空间层层递进，在纵轴形成了三进两廊的多层次布局。对景、框景、端景等具有东方美学特点的造景手法，在此都有体现。客人走过一层一层的空间，体味每段不同的氛围与微妙的差异，逐步走向

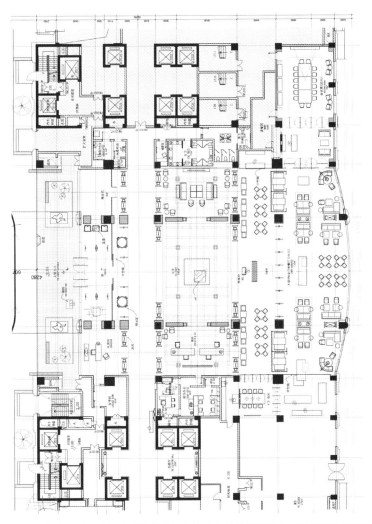

中心高耸的庭院，映衬着更深处落地窗外的自然绿意和美景，可感受空间的壮阔与气势。

承担着"客厅"功能的大堂共设计成三进格局，入口门厅两侧担当怀旧、

观赏功能的轿厅及休息区是第一进；穿过连廊，中间耸立着一座具有中式营造味道的抽象亭子的中央藻井庭院是第二进；第三进是窗外即是酒店专属后花园的大堂吧（芳菲苑）及品聚餐厅，透过第三进能看到山石古松，别具风雅。

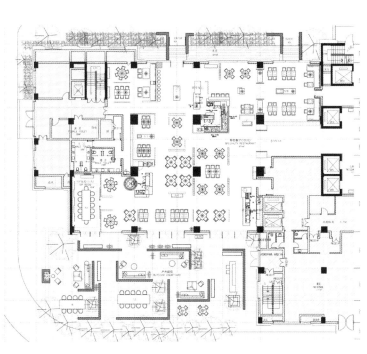

　　宴会区秉承中西融合的理念，以现代的手法、内敛的方式诠释一个极致韵味的写意空间。

　　空间硬装以浅蓝调子的石材与灰蓝木为主，暖白皮革为辅，穿梭于长长的宴会前厅径道上，蓝色的菱形地毯扑入眼球，亦冷亦暖，以一种别样气质，开始抒写空间印记。别于一般宴会区金光闪耀的富丽感，却添置了清新雅致的动人气质，以全新的容貌示于人前。内厅墙面以暖米色皮革轻轻铺置，嵌入金属细节配件，高高的壁灯立墙，丰富了空间语言，天花吊灯以一种波浪壮阔的形态凌驾于空中，有如钱塘江面波光粼粼，映射人前。临江的全景玻璃窗格提取了古都杭州的文化元素，似乎将人们孩童时期走过小巷窗台，仰头一望的窗格记忆在这一刻凝固，文化的动脉在空间弥漫。

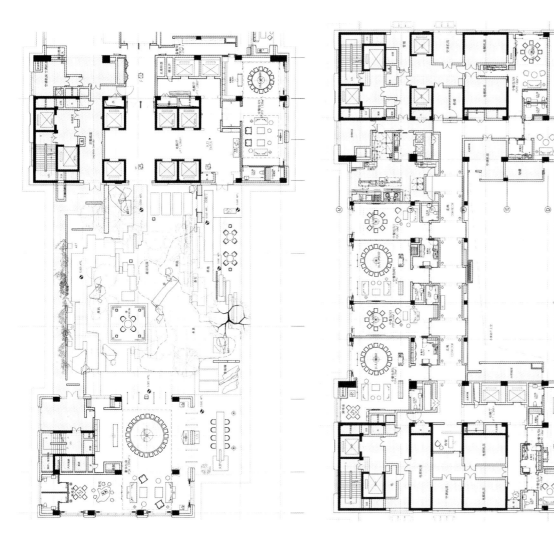

优秀的设计师大多主张用图说话，因为好的设计不需要太多文字解释，人们就能明白表达的是什么。CCD一直坚持这一理念，所以可以在酒店看到月亮门、翘头案、圈椅、轿子、八角窗、灯笼、绿植等代表中国传统文化的元素运用其中，同时，西式现代风格家具也是空间的主角。所谓，民族的就是世界的，酒店的国际范也是十足的。

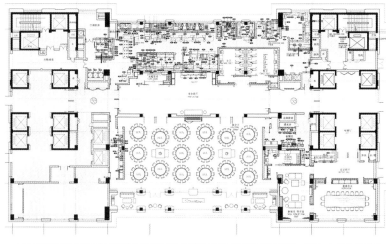

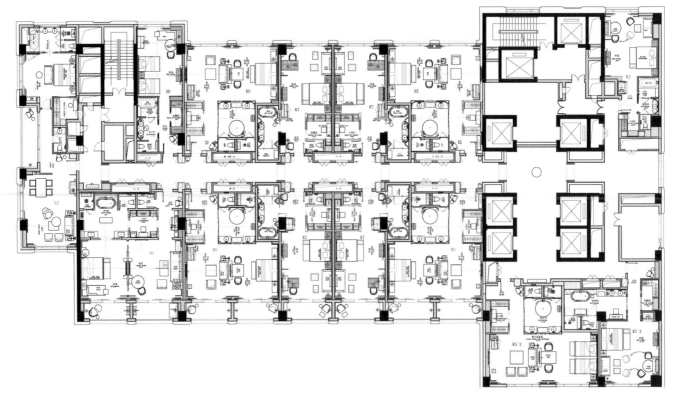

客房设计，没有任何"酒店感"的标准化设计。162间"定制"客房完美演绎了江南之于当代居住空间的内涵与外延，灵动而温馨，为旅客提供了一处探寻中国神韵的理想天地。

客房布局和空间组织基于江南园林的建筑特点，注重空间的延伸、渗透与分隔。客房面积均在60平方米以上，每间客房均设计独立玄关、独立洗手间与步入式衣帽间，卧室睡眠区、书写工作区与会客区按照功能关系划分，配以中西兼容的家具、黑漆屏风、丝质扪布、锈镜等元素，丰富空间层次感，营造客房空间的灵动格局。

每间客房独立玄关都设置管家柜，贴心细致的管家式服务；步入式衣帽间

设有三面全身镜、人性化的衣柜设计和梳妆台方便客人更衣梳妆。

洗手间铺地灵感来源于江南园林砖石铺地的细腻手法；洗手台匠心独运，以独立的中式家具形式呈现；手工铜盆与德国当代龙头、贴花锈镜与水晶玻璃灯柱，传统与创新的设计元素互相碰撞，包容统一。

天花铜线收口，细长风口的简洁处理，平整大方。

客房家具风格淡雅，素色沙发简练舒适，实木家具细节考究，点缀中式工艺精湛的瓷器、漆器，以及花艺等软装艺术品，西式的迷你吧与中式大漆柜的融合，为客房增添了人文气息。

设计公司：Yabu Pushelberg
项目地点：浙江杭州

**清江引
托咏**

宋方壶

剔秃圞一轮

天外月，

拜了低低说：

是必常团圆，

休着些儿缺，

愿天下有情底

都似你者。

　　"人丛中，穿行着一位英俊青年，长方脸，眉清目朗，白净面皮反被朔风吹得红润。几天前，请一个有学问的老先生，给他取了个大号：光墉。他是杭州城有名的'开泰钱庄'的跑街……"在《大清第一商人的传奇人生》中，作者这样描述胡雪岩：他是集智慧与阅历于一身的中国巨商，也是让杭州为之兴奋的传奇。

　　城市的属性在于文化，更在于凝结于那片土地之上的故事。在Yabu Pushelberg新近完成的杭州柏悦酒店的设计中，便是从江南地区及清代传奇商人胡雪岩的故居中汲取灵感，打造了这座现代江南宅院。酒店坐观江南如画美景，共49层，是杭州市内最高的酒店建筑。

　　Yabu Pushelberg在杭州与胡雪岩故居不期而遇，这也成就了杭州柏悦酒店设计灵感的主线。而这一灵魂已从酒店的入口开始，与胡雪岩故居一样，隐秘而低调。

　　酒店内部精美的现代厅堂、庭院、回廊等，感受细节处的中式含蓄之美和自然胜境。挑高天花板，彰显富丽堂皇之感，手工雕刻的木质及青铜屏风，借西湖光影交错之景，为酒店增添了一抹典雅、浪漫的情调。

设计师将酒店的底部厅堂打造成了三个"盒子"，层层递进。第一个"盒子"借助铜元素、丝线、水波纹等，演绎出江南及西湖印象。

第二个"盒子"则充分从胡雪岩故居中提取设计元素，会发光的"窗棂"成了这里的美妙之处，同时诠释了柏悦的私邸理念。

第三个"盒子"便是电梯间，通过电梯直抵大堂。迎宾大堂位于 37 层，挑高 5.2 米，尽显江南宅院的气派格调。

室内则由一系列深纹大理石、金箔镂空现代中式屏风等奢华材料打造，独属的细腻纹理，盈满空间。

酒店有七家餐馆和酒吧，或古朴，或时尚，将传统与现代融于一体。其中已经开放的37层悦轩，色调柔和，约6米的落地玻璃将城市美景尽收眼底。

以中式灯笼、壁炉及画作墙作为陪衬，让典雅之感跃于其中，这也是他们极力想要打造的闲逸：处繁华而独辟清幽之境，居闹市而无车马之喧。

悦厅，环绕大堂而设，带来270度开阔景观，而神似江南宅邸曲折变换的"借景"，更将室内外巧妙结合，为将城市风光和西湖美景尽收眼底，做出了最好的铺垫。

精致手绣丝绸屏风亦是一道亮丽的风景，配合宛如一整幅水墨画般的大理石墙面，给空间营造了不一样的视觉冲击，以此为基底，交叠出艺术、典雅的格调。

Yabu Pushelberg 也许是全世界最憎恨墙体的设计师，所以他们设计了隔断，而屏风是他们最擅长运用的。此处，生动逼真的丝绸屏风由苏绣大师带领百余位绣匠，历时 3 个月纯手工完成，可见设计师对空间品质的追求。

艺术也好、设计也罢，无论是哪种类型，它们都是一种永无休止的创造力量的表达，是一种热情和精神的灵活象征，它们使人们忘记那些条条框框，试图寻回丢失的世界，那是一种将真、善、美奉献给生活的愿望。

而对于电梯间的表达，设计师选用了大量带有自然纹路的石材，不仅彰显了空间的硬朗气质、同时紧扣设计主题，让客人犹如穿梭在胡雪岩故居的假山石林间。

所谓印象，就是通过感觉器官接受外部刺激，并把这些刺激和人脑中原有的记忆组合、联系而生成的结果。设计行为，则是以这种组合而成的印象为前提，并且有意识地干预这一组合过程的行为。

"我们很高兴能向杭州展示柏悦品牌独一无二的低调奢华。这座城市拥有厚重的历史和文化底蕴,而柏悦酒店用含蓄、现代却不失地方特色的风格呼应了这一点。杭州柏悦酒店居城市之巅、邻钱塘江畔,正是西湖与江南地区诗意氛围与锦绣生活的完美写照"酒店总经理 Stephan Tschuppik 说。

于是他们追求独特审美,用更加自我的方式去探索生活的真谛,重用细节的巧妙处理,并将艺术贯穿其中,让杭州柏悦的华贵价值,与生俱来。

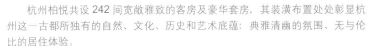

杭州柏悦共设 242 间宽敞雅致的客房及豪华套房，其装潢布置处处彰显杭州这一古都所独有的自然、文化、历史和艺术底蕴：典雅清幽的氛围、无与伦比的居住体验。

客房的设计更加偏向舒适和功能性，但仍不放过任何一个彰显格调的细节、天然木材家具、湖蓝色调墙壁、手工丝质地毯，以及迷你吧的中国漆器斗柜、一切都是试图在规矩中体现艺术性。

满铺的一款纯手工编织的湖蓝色地毯，零星散落的粉色碎花，生动的描绘了西湖落英缤纷的美景。

床头独特的樱花剪影设计，在夜间绽放出晶莹柔光，伴随着杭州的华灯初上，更适合奇幻梦境的产生。

相较于别致的卧房，水疗浴室则更强调艺术与品质的共振。白色大理石浴缸、双人梳妆盥洗盆、豪华沐浴用品及独立的自动洁身马桶，自然形成一种稳重的气场、不喧哗、自成格调。

Yabu Pushelberg 对材料的选择既纯粹又分裂，他们喜欢纯净的空间，比如石材——不同的空间选用不同的石材，并通过色彩的差异、纹路的区别，来进行空间的整体装饰。

酒店 35 层设有杭州最高的泳池。木质屏风将这片以黑色花岗岩和大理石打造的空间一分为二。而一壁之隔的健身中心，配备有最先进的 Synrgy360 混合式组合等 Life Fitness 有氧设备，等待着宾客前去挥洒汗水。

日本京都四季酒店
Kyoto Four Seasons Hotel

设计公司：Hirsch Bedner Associates
主要材料：木材、石材、竹子、织物

京都四季酒店落户于日本保存最完整的古都之一——京都，周围宫殿庭园及寺宇林立。它位于世界遗产及重要文物聚集的东山区，在京都国立博物馆、丰国神社及清水寺之间。Hirsch Bedner Associates（HBA）为酒店打造室内设计，酒店共有 110 间客房、13 间套房（包括 1 间总统套房）及 57 间公寓。匠心独运的设计以 800 年历史的池庭为重心，巧妙融合现代主义风格和日本传统建筑美学，成功地将酒店塑造成宁谧雅致的世外桃源，带宾客走进自然。

京都四季酒店，宁静雅致的世外桃源

京都四季酒店的一大特色就是它紧邻于拥有 800 年历史的日本庭园"积翠园"，这所优美雅致的庭园在平家物语时期就已被载入史册，置身于这悠久历史的日本庭园中，能尽享时光在指间流淌的奢侈光景。

"这次的设计项目既要注重与邻近的新日吉神宫、京都国立博物馆及受保护的池庭在文化上的契合度，也要满足酒店方的要求，最后我们糅合不同元素，创造出古今交融、简约奢华的设计。我们很高兴能与才华洋溢的工匠及艺术家合作，为日本打造全新的地标酒店。"HBA 首席执行官 Ian Carr 如是说。

普天乐
咏世

张鸣善

洛阳花，

梁园月，

好花须买，

皓月须赊。

花倚栏干看烂漫开，

月曾把酒问团圆夜。

月有盈亏花有开谢，

想人生最苦离别。

花谢了三春近也，

月缺了中秋到也，

人去了何日来也？

酒店的室内与传统庭院的结合

　　"大堂的设计精髓在于其温馨简朴的格调，借着空间与自然环境的完美结合来映衬池庭美景。宽敞的休憩空间与池塘的醉人风光映入眼帘，在简约优雅的环境中为宾客带来感官享受及崭新发现，进一步突显酒店的焦点所在——池庭。"Agnes Ng 说。

餐厅

正因为京都是日本料理文化的巅峰之地，京都四季酒店的饮食更是无法企及的个性美食饕餮体验之旅。西式餐厅烹调方法精炼，特别是寿司吧"和魂"，特邀在世界知名的数寄屋桥次郎寿司店拥有寿司"匠人"经验的增田励先生，为大家提供江户时期之前真正地道的寿司。此外，酒店还设有配备室内游泳池的 SPA 会所，提供以"京都治愈系"为主题，加入了日本酒的 SPA 水疗套餐，让追求卓越品质的客人们在和风细腻的按摩手法中感受身心的舒缓。

客房

京都四季酒店的客房内洋溢着宁静私密的氛围，设计上体现出传统和室的特色。日光在简朴的木地板上投下鲜明的影子，屏风上绘有当地艺术家的作品，充满东瀛风情。橡木窗框令户外美景成为视觉焦点，让宾客沉醉于京都传统文化气息之中，而榻榻米也带有日本纹饰，流露出浓厚的历史文化韵味。整体设计以明亮的紫色为主调，并采用天然橡木地板，尽显尊贵皇室气派。奢华的浴室以池庭为启迪，精致的直纹石墙搭配豪华淋浴房仿如竹林中的瀑布，让宾客静静感受水的流动，平静心神、全面放松。

结婚礼堂

结婚礼堂的设计灵感源自竹叶在风中摇曳的神韵，为人与自然建立起亲密的情感联系。室内装潢以竹叶图案为主题，与窗外风景相映成趣，为明净的空间注入自然元素。礼堂采用波浪式结构，玻璃窗为高挑楼底引入充足光线。

结婚礼堂门前的阶梯结合现代设计及传统技艺，其摩登外形与传统和纸隔屏形成对比，塑造出明亮柔和的空间。隔屏选用由当地工匠堀木绘里子（Eriko Horiki）以古法制作的和纸，光线穿透而过，洒下朦胧的影子，营造出轻松悠闲的氛围，引领宾客在涓涓的水声伴随下步入礼堂。

阶梯

宴会厅以戏剧性的方式表现季节、自然及喜庆气氛，墙上的本土挂毯及艺术品绘有细致的竹叶图案。其中，开放式厨房模仿茶室设计，以精巧的细节为空间增添传统日式风情，地板则铺有地毯，低调地衬托出池庭和京都的优美景色。

水疗中心

京都四季酒店的水疗中心为宾客带来"京都疗愈"体验，内设 7 间先进的保健理疗室，包括一间双人贵宾水疗套间，并以石板小径及石桥瀑布等景致构筑出宁静祥和的空间。令人瞩目的室内泳池参照池庭建造，并设有日式凉亭供宾客放松休息。

室内泳池

室内泳池从池庭景致中萃取灵感，纵使室外寒来暑往，这里始终都是一处四季皆宜的休闲胜地。栖身于此，一切仿若亘古不变，却又似云卷云舒般变幻万千。泳池的设计透着诗歌的优雅风韵，悠然屹立在侧的日式凉亭既是对日本禅意之道的诠释，又别有一番"明月照幽亭"的迷人意境，让散发着静谧之感的室内泳池成为开启一座隐世之所的大门。

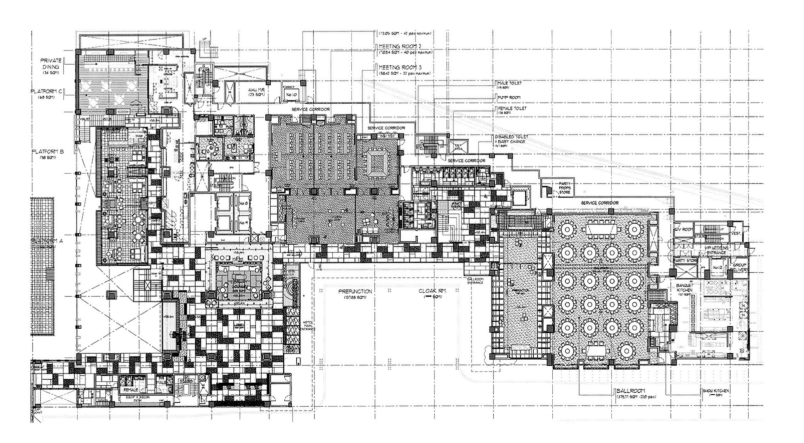

合肥万达文华酒店
Hefei Wanda Wenhua Hotel

酒店内装：金螳螂

三国故地、江南唇齿——合肥，美丽的风光和人文底蕴交织成熠熠生辉的徽山皖水。万达集团在此以一方土地，打造集文化、旅游、商业于一体的超大型综合体——合肥万达城，总投资额达 300 亿，业态包括主题乐园、水乐园及高科技电影乐园，以及万达茂、星级酒店群、酒吧街等。

从度假区到万达城不仅是三个字的改变，更是业态内容的重大转型。酒店位于滨湖新区巢湖岸边，总建筑面积约 4.95 万平方米，地上 5 层，地下 2 层，拥有 205 间精致客房与套房。作为奢华酒店，以庭院和湿地景观为特色，建筑设计为低层院落式，兼顾湖景与内部庭院的景观，金螳螂项目部在负责酒店内装时，始终将"建筑环境的私密性与尊贵感"这一理念贯穿始终。

坐落在万达酒店群最为静谧处的万达文华酒店处处流露出一种僻静通幽的诗意感。酒店正门采用白墙灰瓦、飞檐翘角、马头墙的传统徽派建筑风格，彰显着整个酒店的典雅气质！

酒店以安徽白墙黑瓦的色彩美徐徐展开，取"韵如是、心境自开"之意，以硬朗的实木、华丽的绢丝为主要元素，用灰绿、哑金的主色，将徽派文化的淡雅风韵与现代都市的优雅风尚融合，无处不在的徽派韵味，完美营造出万达酒店个性、优雅、精致的旅居感受。

酒店大堂以气派端重和艺术相生为特色，徽州山水画占据了整面墙壁，视觉效果震撼。举目四望，处处充满文化底蕴，让人恍若置身艺术馆，优雅景致让人应接不暇。

　　酒店坐拥1 500平方米的无柱式大宴会厅，配备102平方米的LED高清显示屏，多间不同面积大小的会议室，结合先进的视听及多媒体设施，满足并保障您各类会议和宴会的需求。万达文华酒店的中餐厅包厢，每一间都不尽相同。最大的万达厅，气派雅致，实木圆桌、古典吊灯、徽派壁画……置身其中，如同穿越到古时达官显贵厅堂之中，古韵十足。

酒店环绕在碧绿静谧的湖边，客房也拥有一片极好视野。客房延伸出去的阳台，闲暇之时更能享受多一分的阳光！"热带雨林式"淋浴设施，为您去除旅途的奔波与疲劳。

斯里兰卡Hambantota
香格里拉酒店

Hambantota
Shangri-La Hotel

建筑设计：MICD Associates、TID International
室内设计：Chao Tse Ann & Partners、HBA

斯里兰卡，印度洋上的"一滴泪"，还有个更为动听的旧称"僧伽罗国"。面积不大，却拥有 7 处世界文化遗产；佛教、印度教文化在这里交替盛行。当然还有无可比拟的自然风光以及质朴热情的民族文化。就像唐玄奘在《大唐西域记》中所述："僧伽罗国，土地沃壤气序温暑，好学尚德崇善勤福。"

时至今日，不管是颈腕间的璀璨夺目，还是空间里的精致优雅，热情淳朴的本质依然是斯里兰卡永恒的时髦魔法。奢华与朴实间的纠缠、

纹理与形状的默契，为物质之美增添了几分清晰的诱惑。

香格里拉 hambantota 度假酒店便在这般情境下产生：都市空间有限，就将呼吸的触角伸向"远方"，在南部海岸的椰树种植园中"开辟"出一处闲适。

酒店建筑设计由 MICD Associates 和 TID International 共同完成，室内则由 HBA 与 Chao Tse Ann 倾力打造。

柳营曲
叹世
马谦斋

手自搓，

剑频磨，

古来丈夫天下多。

青镜摩挲，

白首蹉跎，

失志困衡窝。

有声名谁识廉颇？

广才学不用萧何。

忙忙的逃海滨，

急急的隐山阿。

今日个，

平地起风波。

大堂中亚洲象 R.U.N.
艺术改造雕塑艺廊尤为突
出。木质的自然、灯光的
温热、家饰的明亮，在白
色的柔美调子里组成一幅
安静却充满温度的画面。

餐厅的设计也颇具匠心，酒店共设 4 家风韵迥异的餐厅和酒吧，以提供东南亚美食为主的餐食，整个空间都弥漫着一种热带雨林般的心旷神怡。

这里汇聚了自然生态艺术和设计师的创意。地上的花砖、头顶的吊灯垂兰，以及用餐具绘制而成的整个墙面，当然还有那一抹凸显沉稳的黑。

"我们希望这家优美的度假酒店可以是宾客全面领略斯里兰卡美景、文化和风土人情的最佳境地。"香格里拉酒店集团总裁兼首席执行官凯杜根（Greg Dogan）先生说。

斯里兰卡属于热带气候，常年闷热，因此通风是所有设计开始的前提，就像 Sport Bar，可以让风自由进入，挑高空间中并不设计玻璃门、墙壁、屏风等隔断，令室内空间可直接通向室外、步道、草地和绿荫下的泳池。宛若一座自然博物馆，清风拂面，鸟语花香。

这种直来直往的布局节省了很多空间和时间，只需一扇门的功夫就可以与大自然近距离接触，欣赏阳光下的婆娑椰影。

在斯里兰卡的传说中，有一个位叫班达的青年，勇敢仗义，为了百姓的安宁，把自己变成一只飞箭刺入魔王的咽喉，他们殊死搏斗，以致撞碎了天的一角，使得星星纷纷坠落，其中沾染鲜血的变成了星光红宝石，而没有染血的则成了星光蓝宝石。自此，星光宝石便成了斯里兰卡的圣石，象征纯洁、智慧与勇敢。

这种寓意也被很好地使用在香格里拉的 300 间客房及套房设计中，设计师以宝石的象征为出发点塑造空间，将夺目的璀璨与淳朴的当地文化相互融合，极力展现安静和谐的空间自信。

"我希望每一个个体在这个空间里，都可以毫不刻意地融进细节之中，在最自然的位置各得其所。"设计师说。

整间屋子就像一本设计百科全书，其编撰者则是具有探索精神的都市新贵，他们将技艺与哲学融合在一起，并醉心于研究日常生活的象征意义。

蓝色是最接近海洋的颜色，也是斯里兰卡最为著名的蓝宝石的专属色彩，它在客房里适时出现，与藤编家具互补，避免了空间过于安静的仪式感。

以风景将香格里酒店的客房分为三类：海景房、高尔夫景房以及一楼的园景房，前二者中间隔着一个中空的植物庭院。大部分房间都配备观景阳台，在这里映入眼帘的有时不仅是旖旎风光，还可能是闲暇散步的孔雀。

至于宴会厅和会议室的设计则颇为现代，在设计师看来，一把椅子、一株绿植、一幅画作，都要有自己的舞台。淡雅的色彩与窗外的风光遥相呼应，散发出淡淡的自然之美。

酒店设有 12 间室内及户外水疗室，设计融合当地特色，四周环境怡人。

重庆大足龙水湖国际旅游度假区

Chongqing Dazulong Lake International Tourism Resort Area

设计公司：上上国际（香港）设计有限公司
主案设计：曾宪明
摄 影 师：曾宪明
项目地点：重庆大足龙水湖
项目面积：25 000平方米
主要材料：砂岩、石材、木饰面、皮雕、布艺、手绘墙纸、艺术玻璃、马赛克等

每个人心中都有一个梦，关乎着自然、清幽、返璞、无忧的唯美之境，清晨的鸟鸣声中醒来，门外玉竹上的露泪摇曳着落入泥土，共鸣着泥土的喜悦去到庭院。

一壶茶、一本书、一道香便宁静了半日。真正的"中式之美"只有在文化的接纳中，在耳濡目染的美感意识中，在光与影的世界，借助场域本身的力量和几何图形的特定手法，为空间灌注生命力。

五行神兽屹立大门两边，当地著名工艺——石刻，展现整个设计的主题。设计庄严肃穆，空间气质端庄，东方韵味十足。

大堂等候区

新中式沙发展示性与功能性相结合，配以几幅大的中式挂画及窗外水景，既安静又让人想一探东方"禅"的究竟。设计突破传统中式的繁琐，以超然物外的态度，加入绿色的配饰和绿植，将空间的序列变化演绎得灵活而富有意趣。

清江引秋居

吴西逸

白雁乱飞秋似雪，

清露生凉夜。

扫却石边云，

醉踏松根月。

星斗满天人睡也。

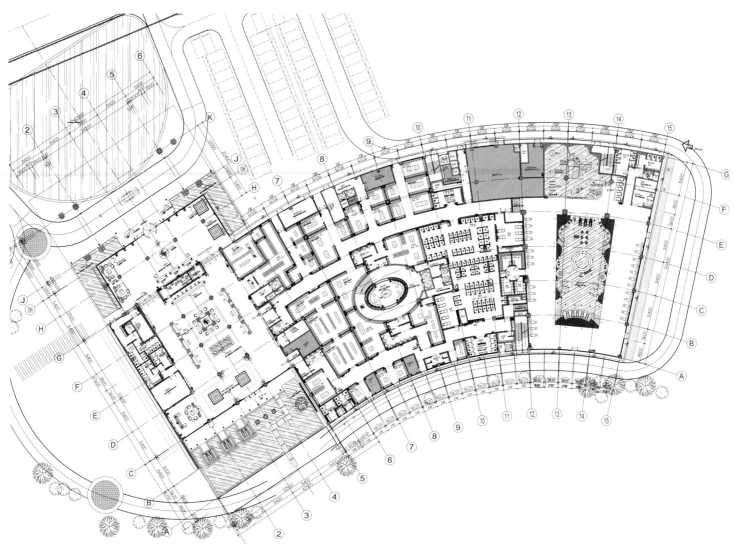

全日制餐厅

　　餐厅主题为朱雀，朱雀属火，颜色上大胆运用了红色、橙色等暖色调，配以沉稳深色木，色彩点缀得恰到好处。洽谈空间气质凝练而彰显气度，以深色的木作和高级灰为主，营造内敛平和的商谈氛围。

朱家角安麓酒店
Zhujiajiao Ahn Luh Hotel

设 计 师：冯智君
灯光设计：The Flaming Beacon

如果有一个地方，能够把"人生八大雅事"——琴、棋、书、画、诗、酒、花、茶，发挥到淋漓尽致，或许除了"安缦 AMAN"，就是它的姊妹品牌"安麓 AHN LUH"了，它算是中国第一个真正的顶级奢华酒店品牌。由首旅集团董事长段强与安缦创始人吉合睦、安麓联合创始人艾德里安·泽查联合创办。

朱家角安麓是安麓在中国开幕的第一家度假酒店，由国宝级古建匠人、马来西亚建筑及室内设计师冯智君先生与澳大利亚灯光设计团队 The Flaming Beacon 设计。酒店选址在全国历史名镇之一、早在 1 700 多年前就已形成村落的上海朱家角，此地素有"上海威尼斯"及"沪郊好莱坞"的美誉。酒店以六百年历史

的明代"江南第一官厅"五凤楼及晚清戏台为核心,包括35间联排别墅式客房,融合地方特色的全日餐厅、私享包厢、中式小食吧、图书馆、太极馆、中药坊、水疗及会议活动设施。

作为朱家角安麓的酒店大堂,五凤楼由明代徽派古建"江南第一官厅"迁移复建,是最具中式代表的吉祥建筑之一。

与五凤楼遥相对望的,是一座始建于晚清的古戏台。戏台飞檐翘角,雕梁画栋。前檐是蟠龙金柱,内顶有穹窿藻井。

开阔的中庭,每一处都是老徽州的影子,林立的雕栏画柱,精美绝伦,从图案、形状再到颜色和木头取材都体现了徽雕的精美华韵。

因为对中国传统美学的痴迷,酒店创始人之一、秦森集团总裁秦同千先生用几十年来收集的各种珍藏置于安麓各处。大堂里作为台子的城墙石砖,年岁可以追溯到汉代,餐厅和客房里也摆满了古玩器物。

朱家角安麓共35间联排别墅,房型有阳庭阁、东篱阁、庭兰阁、池苑阁和安麓阁,全面地暖,全部都是庭院景观,均带有私人花园。其中,基础房型阳庭阁65平方米,外加55平方米的私人花园,设计以简约中式为主。酒店的床品来自瑞典具有90年历史的世界顶级床垫DUX。

酒店还有融合地方特色的高品质餐厅及酒吧，提供改良版的本帮菜，早餐将中西式完美结合，地域特色鲜明。另外，未来酒店还会
为住客安排中医、太极以及茶道等活动，还可以体验室内外泳池、SPA 等，若逢特别节日，还可以观赏一场"游园惊梦"。

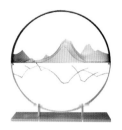

建筑设计：艾德里安·史密斯
室内设计：CCD 香港郑中设计事务所
主案设计：郑忠

深圳中洲万豪酒店地处南山商务核心区，高达 300.8 米。酒店拥有 340 间客房（338 间房、1 个总统套房、1 个副总统套房），坐拥无敌海景和璀璨城市景致。南山尚膳全日制餐厅、万豪中餐厅、鲜·日本餐厅、大堂酒廊、咖啡廊和行政酒廊等高端食肆提供丰富膳食选择。在 62 层设有可俯瞰美景的无边际泳池及 SPA 康体馆。酒店还拥有面积达 2 000 平方米的宴会及会议区域。

这几年，全球酒店业态发生了巨大的变化，民宿与精品酒店迅速崛起让所有城市商务酒店的经营面临着巨大的压力，酒店消费已经从以往简单的寄宿升级为家、艺术馆，甚至是旅行的目的地。

作为一家已有接百年历史的著名酒店品牌，万豪与精品酒店之父伊恩·施拉格联袂打造的 EDITION 已经成为精品酒店的行业标杆，同时经营着丽思卡尔顿及宝格丽两大奢华品牌。对于一家有着辉煌历史的品牌来说，想要从经营思路与设计风格上彻底转型，难度可想而知，对于 CCD 和郑忠先生来说，这是一个前所未有的挑战。

深圳中洲万豪酒店所处的南山区因"南山"而得名，历史上的南山是靠山面海的鱼米之乡，孕育了悠久的渔村文化。当地原住民不仅用勤劳的双手编织出所用的渔具和布衣鞋帽，而且也编织出幸福的生活。漫山的荔枝花及其丰硕的果实是上天赐给当地人的礼物——春游踏青，夏行避暑，秋登望远，冬临赏翠。

渔村文化、编织工艺、捕鱼用的网具、层峦起伏的山峦、美丽的荔枝花……都成了此案的设计灵感源泉。酒店装饰中所使用的地毯、麻质布艺面料、屏风、壁炉等墙面纹饰上都有体现"经纬编织""网""山"和"荔枝花"等意象。

万豪品牌一直给我们的印象是色彩丰富，而从深圳中洲万豪酒店的整体设计风格来看，色调则转变为清雅，减少了装饰，通过艺术形态的空间表现，增加了酒店的建筑感。用材讲究自然、原生态、手工、定制，追求返璞归真的低调奢华。

金子经
伤春
吴弘道

落花风飞去，

故枝依旧鲜，

月缺终须有再圆。

圆，

月圆人未圆。

朱颜变，

几时得重少年。

43 楼酒店大堂

大堂接待台及背景屏风上错落随意的布置犹如海面上的渔船及风帆。自然而富有韵律的旋转楼梯，堪称空间中的巅峰之作，黑、白、木三色组合，诠释着极为高雅的建筑艺术。

艺术品"筑"，充分利用传统木卯榫结构工艺，筑成一个 300 厘米的球体井字格，一方面体现出中国古老的文化和智慧，另一方面以现代建筑空间构建传统文化，形成一个视觉和趣味的中心。

43 楼电梯间

艺术品"日出"，设计灵感源自互联网的二维码，不同大小形态的木块通过高低错落的组合，与景观幕墙位置的球形艺术品遥相呼应。

43 楼尚膳全日制餐厅

尚膳全日制餐厅以广东本土的时尚生活方式为切入点，通过开放的空间设计与清新自然的材料营造轻松、闲逸的设计格调。

1 楼接待大堂

1楼接待大堂凸显艺术回家的理念,艺术品"离",取自岭南荔枝的古语"离枝",另一层含义是寓意时光流淌岁月静好。

1 楼电梯间

艺术品"帆",造型半月状,寓意着扬帆出海的渔船表面波浪起伏,戳凿的线条平缓相间,如层层波浪推动前进,乘势扬帆而上铸就辉煌。

3 楼电梯间

艺术品"南山"系列一，以山为外形，内部层层叠叠，远观如山峰，近观如山涧溪流，天然材料自然嵌入，恰如水涧中的飘零叶。

4 楼电梯间

艺术品"南山"系列二，采用钢丝线高低悬挂不同规格的亚克力，造型组合成山脉状，展现南山的另一种意境，该组艺术品与三层电梯位置的艺术品"南山一"相呼应。

44 楼电梯间

艺术品"源"，以白纸为"沙"，手撕边缘为水，咫尺之地幻化出千倾万壑，创造出一种简朴、清宁的至美境界。

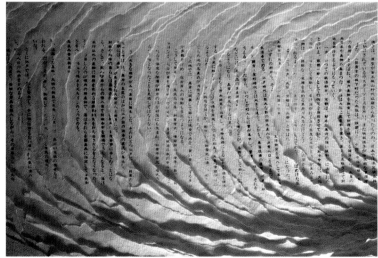

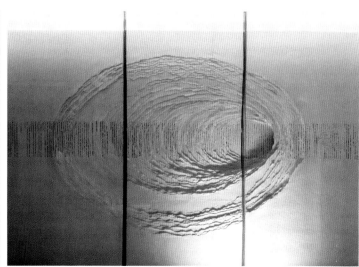

1 楼咖啡吧

咖啡对于西方人来说，极其重要。不仅仅是一种文化，更是安逸休闲生活方式最完美的诠释。到巴黎或威尼斯，你会发现大街小巷都是咖啡吧。东西方文化及生活方式的高度融合，是郑忠先生关于万豪酒店转型设计最完美的诠释。

用材方面尽量采用石材、木材、皮革、麻质面料等质朴色调，可体现天然质感的材质，在繁华与宁静之间寻求亲切感与舒适感，配合诸多彰显品质的细节及灯光处理，力求营造温馨雅致的空间氛围，给客人一种低调内敛的奢华而不是表面的"金碧辉煌"。

酒店的多个楼层布置的艺术品皆由 CCD 原创设计，并与艺术家、工艺师们共同打造出品。心韵优雅，境绽光华，处处散发出文士风雅气息。

44 楼荷塘中餐厅

荷塘烟罩小斋虚，景物皆宜入画图。以荷塘为主题，入口接待背景的白色荷花露出水面，用有草丛摇曳的玻璃屏风衬托，用地面的水纹地毯以及淡绿色墙面来体现荷塘自然的环境。清新自然的设计格调，呈现独具一格的小家别院情调。

44 楼植滕日式餐厅

餐厅入口采用泥巴稻草墙，地面为麻石、火山岩石块堆积而成的南山造型，突出返璞归真的生活形态，以低调而丰腴的姿态呈现世外桃源般的奢华极境。日本餐厅洗手间的水龙头由意大利顶级品牌 GESSI 定制而成，采用水滴形状，造价极高，洗手盘由整块原石雕琢而成。

3~4 楼宴会厅前厅强调"家"的概念

前厅采用大面积的书架设计,温馨而富有层次的灯光设计,强调"家"的感觉,让每位客人都能感受到精品艺术的风华。

3~4 楼宴会厅

宴会厅以"渔网"为主题,蓝色的玻璃装置就像跳跃的鱼,象征着丰收;又如波光粼粼的海平面,诠释着诗与远方的唯美。

45~58 楼酒店客房

设计师适当运用度假酒店的手法去设计城市商务酒店，充分解读了"游憩商务"的概念。在客房设计中，设计师力求为客人营造一种能够静心潜读且类似置身于"私享书房"的空间体验，既有家的温馨又有工作的严谨，充满典雅、明净、柔和的生活气息。让客人在卸下商旅活动疲惫的同时找到生活与事业的新灵感。

客房的设计，以现代雅致为格调，荔枝花瓣为主题的背景墙，营造自然清新的气氛，更强调"家"的温暖。百年历史的意大利木地板品牌，为空间注入了朴质而时尚的居家生活韵味。

59 楼行政酒廊

行政酒廊墙面上的竹笼象征着捕鱼用的篓、鱼排，延续渔村的记忆。望远镜更可俯瞰深圳湾及香港的魅力夜景，奢享时代风华。

60 楼总统套房

总统套房以"家"为中心，通过现代优雅的自然材质表现当代人梦寐以求的闲逸与安静，呈现朴质而高尚的"私享家"，让每位客人都能真正感受到时代赋予的绝代风华。

62 楼 SPA 和游泳健身区

　　山与水、动与静、虚与实的完美结合，展现了设计师对当代设计精神的领悟，自然的苔藓与水滴装置艺术的融入，赋予了空间更清新的自然形态。

设计公司：Dariel Studio
设 计 师：Thomas Dariel
项目面积：2 874 平方米

南浔求恕里花间堂

Nanxun Qiushuli Flower Hall

求恕里花间堂位于浙江省湖州南浔，王国维撰《传书堂记》称浙江湖州为"藏书之乡"。民国初年，湖州南浔镇又现一座闻名于世的大藏书楼，它就是南浔镇首富刘承干的"嘉业堂"。1930 年，"嘉业堂主"刘承干在南浔镇嘉业藏书楼旁建造了一座别墅，取名"求恕里"。Dariel Studio 小心地对这栋古建筑进行修缮，对局部进行了细微调整与升华，修缮后的求恕里仍然保留了古建筑的历史风貌，同时它也有了一个新名字——"南浔花间堂·求恕里"。

Dariel Studio 整体的设计概念始于刘承干藏书成就，精心提炼出"藏"作为设计出发点，设计手法及元素均从"藏"的惊喜感来讲述南浔和求恕里的故事。

冯唐在《我心目中理想的房子》里说："要有个大点的院子。有树，最好是果树或花树。开花那几天在树下支张桌子，看繁花在风里、暮色里、月光中动；还要有景，背山面海，每天看不一样的云，亦或瘫在椅子里看书，被书睏倒，被夕阳晒醒；最好还有百年以上的历史古迹，偶尔逛逛，觉得祖先并不遥远。"

求恕里地灵人杰，除了小桥流水，还有"一镇之地，拥有五园，且皆为巨构"的江南气魄；九里三阁老，十里两尚书；这里崇文重教，嘉业堂藏有古籍 60 万卷，堪称中国近代绝响，在南浔，即便富甲一方也满是儒家情怀。

普天乐
树杈桠
王仲元

树杈桠，

藤缠挂。

冲烟塞雁，

接翅昏鸦。

展江乡水墨图，

列湖口潇湘画。

过浦穿溪沿江汉，

问孤航夜泊谁家？

无聊倦客，

伤心逆旅，

恨满天涯。

刘承干是晚清南浔"四象"之首、小莲庄主人刘镛之孙，也是近代著名藏书家。作为与杭州胡雪岩、宁波叶澄衷比肩的南浔首富，他素来淡泊名利，并以"求恕居士"自居，这也是"求恕里"名字的由来。

求恕里属于典型的中西合璧建筑，整个结构以门房、甬道、西洋门楼、卷门、庭院和独立的楼厅相结合，正门采用的是上海石库门式墙门，进门是砖雕门楼，上书"光辉贻后"。

中间西洋门楼上刻"鹧溪小隐"四字，小莲庄、嘉业藏书楼与求恕里比邻鹧鸪溪而建，"小隐"正是"大隐隐于市，小隐隐于林"的心境写照，与整个设计主旨遥相呼应。门楼上的金蟾据说是刘家做生丝生意的商标。

"设计在最大化保留求恕里历史风貌的同时，也融入了南浔与刘氏家族饱满的时代背景，我们尽量保留对别墅主人以往生活及精神的追忆。"设计师Thomas Dariel 说。

南浔镇因丝业成为富甲一方的雄镇，刘家更是以丝业起家，因此丝的元素必不可少。设计师有意向将此元素结合"藏"字用于公共区；大堂、休闲区的背景柜体使用藏的手法，虚实相间，体现"藏"的魅力。公共过道区运用编织深化的交叉几何形状做成屏风，分割不同使用功能的区域。

餐厅的天花使用生丝的编织手法，使用红蓝防火线进行空间穿插，放大生丝的生产细节，给客人带来奇幻难忘的视觉感觉。

"渔樵耕读"即渔夫、樵夫、农夫与书生，是中国农耕社会的四大职业，代表了中国古代劳动人民的基本生活方式，同时也是很多官宦用来表示退隐之后生活的象征，因此中国的传统民俗画常以"渔樵耕读"为题材，代表着对于恣意的田园生活和淡泊自如的人生境界的向往。

为了契合南浔这一古镇的历史感及中国文化元素，热爱中国文化的设计师Thomas Dariel 的设计灵感正是源于"渔樵耕读"的文化精神，结合江南园林

特色提炼出"耕、园、渔"三大农业元素作为主题。同时提取出土地接近的主色橘色、田园接近的主色绿色和渔业接近的主色蓝色这三种充满活力的颜色用于装饰。橘色系列客房使用了暖色质感的竹编、挂画等营造空间氛围，绿色系列客房选用元素倾向自然、朴实，营造一种轻松的园林氛围，蓝色系列客房采用了比较现代的波浪纹理及中式纹样，给人一种被水波轻柔包围的舒适感。

为了更好的保护当地文化和传统建筑，在进行修复改建时，砖木雕刻都被保留起来，并且修旧如旧，重现新生，让住客能融入和体会当地民俗风情。外宅和内宅的主隔扇裙板所雕皆为"渔樵耕读"的传统图案，无论亭台花树还是人物，都栩栩如生，雕刻手法以散点透视和平面铺陈的苏工技艺为主，略近似于"苏绣"纹样，密不透风，疏可走马。传统的砖木雕刻是农耕文明的产物，今天只有在农民画或儿童画中还能找回这种朴拙的东方"天趣"。

除了保留和恢复其中式特点，来自法国喜欢将中法文化结合在一起的 Thomas Dariel 也将中西合璧在这个室内设计中表现得淋漓尽致，如绿色系列客房和蓝色客房配以 Maison Dada 可旋转咖啡桌 Lazy Susan，与中式氛围完美融合，更添了几许俏皮和趣味。飞行的台灯式吊灯 Little Eliah 更营造出仿佛可以跳脱时空的氛围，让人感受到法式的幽默和浪漫之感。中式装饰以及西式装饰的互相混搭营造出现代与古典别样完美的结合。

前台处一整面藏书墙很是显眼，客人可以带一本自己的书放在这里，以便相互取阅。原有的高屋梁被保留并改造，与舒缓的音乐、淡淡的香氛一起营造出一派放松的空间状态。

求恕里还保留了建筑与庭园互动的关系，离开前台，穿过卷门便是中央庭院，青瓦白墙、石板小径、秋千座椅即刻映入眼帘。庭院中还种了蜡梅、月季等花草，各自在不同季节微微发散出合乎时宜的香味。

求恕里三栋主楼里仅有 26 间客房，四种房型，以"藏"为主题分别命名为"藏静""藏墨""藏溪"和"藏韵"，以花间堂的独特美学视角为到访者营造一次别致的入住体验。

"藏静"意指南浔儒商府邸幽静雅致，"藏墨"用以表达别墅主人爱书痴书，"藏溪"取自"鹧溪小隐"，而"藏韵"则是表达了希望将浔地 20 世纪初期的雅韵生活以一许之地展现于世人。

求恕里将原本属于江南大家的富、雅、韵深藏于高高的格栅后，丝丝的编织中，淡淡的书香里，映衬出南浔儒商富而不张、恭谦知书的大家风范。

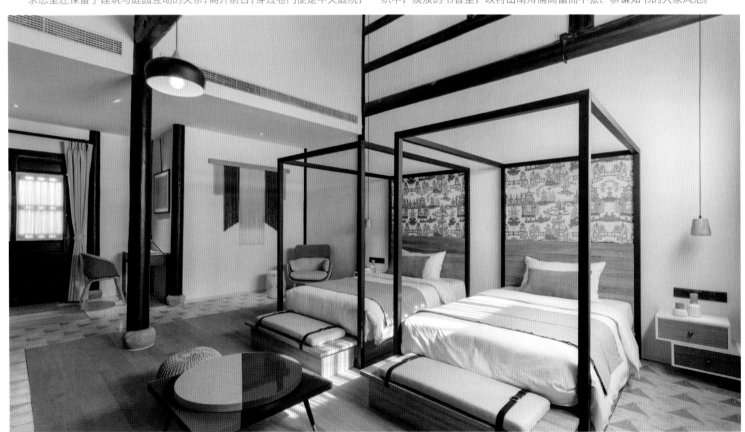

品伊创意艺术设计研究院

Pinki Creativity Art Design Institute

项目客户：PINKI 品伊国际创意集团
设计公司：美国 IARI 刘卫军设计事务所
软装设计：TATS 大艺术家软装设计与实现
主案设计：刘卫军
艺术总监：李莎莉
空间画作：吴震寰
艺术顾问：吴震寰
摄影师：黄缅贵、李林富、曾朗
项目面积：1 480 平方米
主要材料：大理石、木饰面、瓷砖、木地板

当创造自我的空间时，犹如在波澜壮阔的思海中的那一瞬间，学会视死般地紧抱着救生圈游向绝对苍凉寂静的无人孤岛。

——刘卫军

无·物

挑战零空间的创作，首先是一个自我脑空间梳理的过程，从繁复到"无"，从表面正常的理解是"归零"的状态，而不是"清零"的空白，因为是曾有"物"的存在。

有·在

每个人都有维度的无限思考通道，设计的思考也同样是这样的理解。

所以，我们存在了"有"漫无边际的可能，而忽略可以决定最终"在"的可能。

空·象

当代著名艺术家吴震寰先生，他经历多年艺术实践开创的高维度的艺术学术思考成果"空象"，启发了设计师对设计与艺术创作间的交换思考。所有的开始都是以"零"为起点，"零"的关系是回归人性的原始。原始之后，西方表现出"人"的张扬，强调视觉传达，强调"人"的思维和表达。东方则不同，强调的是"自然"的崇拜，张扬的是"神性"。对于人，这两条线索是一样重要的，是互补的。

清江引

曹德

长门柳丝千万结，

风起花如雪。

离别复离别，

攀折更攀折，

苦无多旧时枝叶也。

长门柳丝千万缕，

总是伤心树。

行人折嫩条，

燕子衔轻絮，

都不由凤城春做主。

约·合

"向前"与"不动"的同一性,这是人与生"约"定的本性关系,如"好"与"不好"的等同性。人因为渺小,所以总要努力表现得"大"或有所作为。正是这样,设计师总是希望去"改变"和"超越",而不愿意正视"存在"的"真实",努力去做到"合理的""舍弃的"与"放下的"。

俗·成

"零"的开始是以当代著名艺术家吴震寰先生"空象"作品为开始,到主题空间呈现的形成,因为正如吴先生说"空象,在具象、抽象之外,成就了第三种向度,成为可能。"收复设计的本质从开始模仿、借鉴、参考到最后自我的确立和放下,这就是"零"空间的可能。

南京东方荟
Nanjing Oriental Collection

项目类型：展厅设计
设计公司：辉度空间设计
主案设计：夏伟
参与设计：彭垚鑫、陈璐、王国鑫、卢赛玉
项目面积：760 平方米

雁儿落过得胜令·送别

刘致

和风闹燕莺，

丽日明桃杏。

长江一线平，

暮雨千山静。

载酒送君行，

折柳系离情。

梦里思梁苑，

花时别渭城。

长亭，

咫尺人孤零。

愁听，

阳关第四声。

随着时代的发展，中式文化、中式元素越来越国际化，正应了多年前那句话"民族的就是世界的"。在如今，由于各种文化的融合，我们对中式文化也开始打破传统，重新探索。融合，让中式文化以一种新的面貌展现在我们面前。如今中式变成了一种情怀，一种格调，一种时尚元素，越来越多的年轻人开始注意传统文化，不管是家具、服饰还是艺术，中式以新时代作为新土壤重新孕育新的风尚。

正式进入设计之前，设计师以及设计团队深入了解了"东方荟"的品牌定位、企业文化以及家具特点，再实地观察测量展厅位置，多次与甲方沟通之后，交换了一些设计上的想法，"东方荟"产品适合对家居生活品质较高的业主，产品比较注重细节与品质，客户有一定的文化底蕴。所以在展厅设计上，结合这点对传统展厅流线做了全新梳理，从业主的感受出发以实景空间来展现，在硬装基础上并没有做太复杂的造型，而是以简单点、线、面贯穿，采用局部提亮色彩、黑色直线框与素色壁纸做底衬，把"东方荟"家具产品特色和整个展厅空间完美融合，呈现出的效果仿若一位古韵悠然的仙人——正、清、静。

图书在版编目（CIP）数据

禅意东方：居住空间．XV ／ 黄滢，马勇 主编 ．－ 武汉：华中科技大学出版社，2018.4
ISBN 978-7-5680-3651-1

Ⅰ．①禅… Ⅱ．①黄… ②马… Ⅲ．①住宅－室内装饰设计－作品集－世界 Ⅳ．① TU241

中国版本图书馆 CIP 数据核字（2018）第 025311 号

禅意东方：居住空间．XV
Chanyi Dongfang：Juzhu Kongjian．XV

黄滢 马勇 主编

出版发行：华中科技大学出版社（中国 · 武汉）　　　　电话：（027）81321913
　　　　　武汉市东湖新技术开发区华工科技园　　　　　邮编：430223

责任编辑：熊纯　　　　　　　　　　　　　　　　　　责任监印：朱玢
责任校对：段园园　　　　　　　　　　　　　　　　　装帧设计：筑美文化

印　　刷：深圳当纳利印刷有限公司
开　　本：965 mm×1270 mm　　1/16
印　　张：18.5
字　　数：148 千字
版　　次：2018 年 4 月第 1 版　第 1 次印刷
定　　价：298.00 元（USD 59.99）

投稿热线：13710226636　　duanyy@hustp.com
本书若有印装质量问题，请向出版社营销中心调换
全国免费服务热线：400-6679-118　竭诚为您服务

湖北省学术著作出版专项资金资助项目
湖北省"8·20"工程重点出版项目
武汉历史建筑与城市研究系列丛书

Wuhan
Modern Educational
Building

武汉近代教育建筑

(第2版)

图书在版编目（CIP）数据

武汉近代教育建筑／陈李波，徐宇甦，余格格编著．—2 版 .—武汉：武汉理工大学出版社，2018.3
ISBN 978-7-5629-5746-1

Ⅰ．①武… Ⅱ．①陈… ②徐… ③余… Ⅲ．①教育建筑－建筑史－武汉－近代 Ⅳ．① TU244-092

中国版本图书馆 CIP 数据核字（2018）第 041201 号

项目负责人：杨学忠
总责任编辑：杨　涛
责 任 编 辑：杨万庆
责 任 校 对：丁　冲
书 籍 设 计：杨　涛
出 版 发 行：武汉理工大学出版社
社　　　　址：武汉市洪山区珞狮路 122 号
邮　　　编：430070
网　　　址：http://www.wutp.com.cn
经　　　销：各地新华书店
印　　　刷：武汉精一佳印刷有限公司
开　　　本：880×1230　1/16
印　　　张：15
字　　　数：336 千字
版　　　次：2018 年 3 月第 2 版
印　　　次：2018 年 3 月第 1 次印刷
定　　　价：298.00 元（精装本）

序 言（一）

王风竹

2016年5月

　　城市是在人类社会发展中形成的。在一个城市形成与发展的进程中，它遗留有丰富的文物古迹，形成了各具特色的[…]展脉络和文化特色的重要表征要素，其中近代建筑因其特殊的历史背景，在城市发展历程中被众多研究者所关注。一解[…]有受到西方建筑文化的影响。鸦片战争以后，西方以武力强制打开了中国闭关锁国的大门，西方文化成为具有强势特征[…]展变化。

　　武汉是一座有着3500年建城历史的城市，中国历史上许多影响历史进程的重大事件发生在这里。在武汉众多的城市[…]近代最重要的对外通商口岸之一，英国、德国、俄国、法国、日本等国相继在汉口设立租界，美国、意大利、比利时、[…]埠的持续繁荣，近代建筑在武汉逐渐蔓延开来，并逐渐成为武汉建筑乃至城市风貌的有机组成内容，其中包括宗教、金[…]近代建筑，经历了北伐战争、抗日战争、解放战争的洗礼，经历了现代大规模城市开发的吞噬，消失者甚众，但目前仍[…]国重点文物保护单位20处（其中，汉口近代建筑群、武汉大学早期建筑皆包括多处独立建筑）、湖北省省级文物保护单[…]中山大道历史文化街区，其中蕴含着大量近代建筑）（以上皆为2015年底的统计数据）。

　　武汉的近代建筑，是武汉重要的文化遗产，蕴含着丰富的历史文化信息，是近代武汉城市社会状况的重要物证，是[…]旧址（湖北咨议局旧址）、辛亥首义发难处——工程营旧址、辛亥革命武昌起义纪念碑、辛亥首义烈士墓等，是辛亥革[…]军事委员会旧址、八路军武汉办事处旧址、新四军军部旧址、国民政府第六战区受降堂旧址等，都是近代重要的历史遗[…]武汉大学早期建筑群，是近代中西合璧建筑典型的代表，也是武汉大学校园作为中国最美大学校园的重要景观组成之[…]因而显得尤为珍贵。

　　从"武汉历史建筑与城市研究系列丛书"的写作计划及已完稿的书稿内容来看，该丛书主要针对武汉近代建筑[…]关阐述与分析深入而全面，可以作为展示与了解武汉近代建筑的重要读本。同时这套书还有一个作用，就是让更多的[…]畴，审慎地对待、探讨科学保护与更新的途径，让承载丰富城市历史信息的近代建筑得以保存下来、延续下去。最后，[…]

历史街区，荟萃了不同历史时期的各类遗产，从而积淀了深厚的文化底蕴。在各类城市遗产中，历史建筑是体现城市发

而言，中国近代建筑指近代形成的西式建筑或中西结合式建筑。鸦片战争以前，清政府采取闭关锁国政策，中国基本没

为外来文化，不同形式的西式建筑陆续在中国出现，西方建筑文化开始对中国产生巨大影响，加快了中国近代建筑的发

历史遗产中，近代建筑是其中丰富而独特的一部分。鸦片战争以后，中国开始了工业化，进入近代社会，汉口成为中国

于麦、荷兰、墨西哥、瑞典等国也相继在汉口设立领事馆（署），西式建筑文化开始大量传入武汉。其后，随着汉口商

融、办公、教育、医疗、住宅、旅馆、商业、娱乐、交通、体育、工业、市政、监狱、墓葬等众多的建筑类型。武汉的

量仍然较大，仍然是中国近代建筑保有量最多的城市之一，许多重要建筑与代表性历史街区仍然保存完好，其中包括全

立60余处、武汉市市级文物保护单位60余处、武汉市近代优秀历史建筑201处、第一批中国历史文化街区1处（江汉路及

武汉作为中国历史文化名城的重要支撑。其中，部分建筑具有全国性的突出价值和影响力，如辛亥革命武昌起义军政府

命的重要遗址或纪念地；中共中央农民运动讲习所旧址及毛泽东故居、中共八七会议会址、中共五大会址、国民政府

迹；汉口近代建筑群，是武汉近代建筑的重要代表，是武汉城市特色的重要构成，也是中国较为独特的城市景观之一；

一。上述这些近代建筑是武汉近代社会精神文化的物质载体，从一个侧面体现了中国近代社会中一座城市的变迁过程，

重要建筑类型，史料价值很高，所选案例比较具有代表性，技术图纸、现状照片能够反映武汉历史建筑的基本特征，相

家学者深入研究，进而间接提醒城市的管理者深入思考，将这些近代建筑与其共处的历史街区及环境纳入整体保护的范

期望该丛书以更为完美的结果，早日、全面地呈现给社会。

序 言（二）

王晓

2016年5月

　　中国近代建筑，广义地指中国近代建设的所有建筑，狭义地指中国近代建设的、源于西方或受西方影响较大的建筑。中国传统建筑体系的延续，二是西方建筑体系（主要包括西方传统建筑体系的延续及西方早期现代建筑体系，其中部分以1~2层为主，所以在经历了近代多次战争及大多城市的现代野蛮再开发之后，在城市中已所剩无几。而属于西方近代建筑之间，西方式样的近代建筑，在中国长期被视为殖民主义的象征，特别是租界建筑，大多被视为耻辱的印记，人们的保护类建筑的历史文化、科学技术与艺术价值也逐步得到社会的广泛重视，保护力度日益加强。

　　在当代中国城市中，近代建筑保有量与原租界面积大小密切相关。在近代中国，上海、天津、武汉、厦门、广州、相关，并据初步调查，中国目前存有近代建筑最多的城市，当属上海、天津、武汉。

　　1861年汉口开埠以后，英国、德国、俄国、法国、日本等国相继在汉口开辟租界，美国、意大利、比利时、丹麦、武汉快速发展。民国末期，近代建筑已经成为武汉城市风貌特色的重要组成部分。目前，武汉的近代建筑保有量及丰富布在汉口沿江历史风貌区内；以武昌次多，主要分布在武昌昙华林历史街区及武汉大学校园内；其余零星分布于武汉各几乎涵盖了西方古代至近代的主要建筑风格，且不止于此，主要包括西方古典风格、巴洛克风格、折衷主义风格、西方期建筑群、湖北省图书馆旧址、翟雅阁健身所等，具有显著的中西合璧特点；如古德寺，完美地糅合了中西方与南亚建筑

　　武汉近代建筑，还包括大批各级文物保护单位及武汉优秀历史建筑，充分说明了武汉近代建筑具有独特的价值；另市研究系列丛书"选择了其中最能反映武汉近代建筑特点的教育建筑、金融建筑、市政·公共服务建筑、领事馆建筑、等类型，以简明的文字、翔实的图纸与图片，展示了其中的典型案例。虽然其中仍然存在一些瑕疵，但作为相关建筑研点。

　　近20年来，武汉理工大学不断对武汉近代建筑进行测绘及研究，形成了大量相关成果，因此，此丛书不仅凝聚着编和房屋管理局及武汉市城乡建设委员会等政府部门的相关领导一直敦促与支持武汉理工大学深入进行武汉近代建筑的研

。一般情况下，多指后者。广义的中国近代建筑，可称为"中国近代的建筑"。这些建筑，主要属于两大体系：一是
建筑糅合了中国传统建筑的某些特征）。属于中国传统建筑体系的近代建筑，由于采用了相对较易受损的木结构，且以
体系的中国近代建筑，由于结构相对不易受损，所以虽然损毁较多，但在部分城市中仍有较多遗存。约在1950—1990年
护意愿淡薄，甚至不愿意保护；约在2000年以后，随着历史建筑大量、快速的消失，以及国人文化视野的逐渐开阔，此

江、九江、杭州、苏州、重庆等城市曾设有不同国家的租界，其中依次以上海、天津、武汉、厦门的面积为大。与其

兰、墨西哥、瑞典等国在汉口设立领事馆，外国许多银行、商行、公司、工厂、教会也逐渐在武汉落户，近代建筑在
建，在全国仍然位于三甲之列，仍然是武汉城市风貌特色的重要组成部分。武汉现存的近代建筑，以汉口最多，主要分
布。上述建筑，包括办公、金融、教育、医疗、宗教、居住、商业、娱乐、工业、仓储、体育等诸多类型。上述建筑，
早期现代建筑风格、中西糅合风格等等，可谓琳琅满目、丰富多彩。其中，许多建筑具有较强的独特性，如武汉大学早
筑风格，即使在世界范围内也属较为独特的。

外，还包括一些暂时没被纳入文物保护单位或武汉优秀历史建筑目录的，也具有珍贵的保护价值。"武汉历史建筑与城
公馆·别墅·故居建筑、洋行·公司建筑、近代里分建筑、宗教建筑、公寓·娱乐·医疗建筑、饭店·宾馆·交通建筑
究与设计的参考，作为建筑爱好者的知识图本，仍然具有较为全面、较为丰富、技术性与通俗性结合、可读性较强的特

者的心血，也凝聚着武汉理工大学相关师生的多年积累。近些年来，湖北省文物局、武汉市文化局、武汉市住房保障
，社会各界对武汉近代建筑的关注也不断升温，因此，此丛书的出版也是对上述支持与关注的一种回应。

前 言

著作者

2016年5月

湖北雄踞中国版图中部，作为楚文化的发源地，素有兴学重教的传统。武汉，作为湖北省省会城市，因其地理⋯代教育建筑作为切入点，以1861年汉口开埠后西学东渐的影响为审视窗口，系统分析、梳理与总结武汉近代教育建筑⋯筑的研究作为展示窗口，寻求在"一带一路"中推广武汉地域文化走向世界的方法。

本书着重探讨以下三个议题：

（1）在挖掘武汉近代教育建筑的特征与脉络的同时，寻求在"一带一路"中推广武汉地域文化的思路，在市民中普⋯

通过文字、实测线图、实景照片、分析图相结合的表现形式，图文并茂地展现武汉近代教育建筑的风采与特色，⋯实现艺术欣赏价值与学术科研价值并重。这样做目的有二：

首先，通过发掘武汉近代优秀教育建筑的历史、人文与艺术价值，力求在"一带一路"的国家战略层面基础上，⋯将文化武汉的概念推向全国，进而走向世界。

其次，通过线描图纸加上照片、建筑信息模型这样直观的手段，为今后模拟展示武汉近代教育建筑提供平台与基⋯与名城风采。

（2）以"历史信息"的真实性为要义，采用实地勘测与档案查阅相结合的方式，为武汉近代教育建筑建立详细的⋯

通过广泛采集素材，反复分析、分类、筛选，收录建筑实物、资料保存相对完整的九个案例，具体包括：文华⋯武汉中央军事政治学校旧址（原两湖书院）以及武汉大学。图纸绘制以实地测绘为主，辅以历史考证与档案查阅，力⋯

①技术图纸部分

以实测线稿为主，具体包括建筑平面、立面、剖面、门窗大样、节点构造，图纸均达到方案设计深度。

②建筑信息模型（Sketchup模型）与实景照片

部分与线图、细部大样相对应，力求更加全面、真实与直观地解析建筑，包括石雕、楼梯、栏杆、门窗、建筑装⋯

③文字描述部分

介绍和梳理教育建筑的历史沿革与发展历程。

（3）通过分析图则的方式，对武汉近代教育建筑进行系统分析与归纳、整理

结合专业特点，本书主要采用分析图则的方式，结合相应资料梳理，对既有技术图纸进行图则分析。

分析图则的构成和思路具体如下：

①基于建筑平面图的分析图则，主要包括：建筑环境"图与底"的分析、建筑构图分析、轴线分析、建筑功能与⋯

②基于建筑立面图的分析图则，主要包括：体量分析、构图分析、设计手法元素分析等。

③基于建筑剖面图的分析图则，主要包括：自然采光与通风、构造分析等。

④基于门窗建筑大样与节点构造的分析图则，主要包括：细节处理分析、构图比例分析等。

本书力求图文并茂地展现武汉近代教育建筑的风采与特色，并在照片、图形处理上做到结构明晰、构图新颖、表⋯

当然，由于全书涉及内容年代跨度较大，并因历史原因，资料搜集整理颇为艰辛，故编写时难免挂一漏万，不足⋯

湖北省文物局、武汉市文化局与武汉市房地产管理局等单位对本书编著过程高度重视，并在具体测绘过程中给予⋯提供后勤保障与支持。没有上述单位和学院的支持，本书的编著工作实难完成，在此一并表示感谢。

置，无论从整体经济还是文化教育等方面都在湖北占据了十分重要的地位，更是传承了重视教育的传统。本书以武汉近

发展脉络、建筑形制以及风格演变，以期为武汉乃至中国教育建筑寻求一种启示与借鉴；同时，通过将武汉近代教育建

推广武汉优秀历史建筑文化

力求在照片、图形处理上做到构图新颖、表达准确、艺术性强；在文字部分，则力求结构清晰、简明扼要、可读性强，

武汉历史建筑文化充分展现在世人面前，以期推广武汉的地域文化，加强公众参与度，提升市民历史文化修养，同时也

（毕竟许多建筑已时过境迁，市民已然无法亲身经历与参与），同时凭借互联网+的优势，无界域性地传播武汉优秀文化

会图纸与文字档案

学、昙华林真理中学、自强学堂、博学中学、北路高等小学堂、国立武昌高等师范学院附属小学、昙华林圣约瑟学堂、

本现教育建筑信息的真实性、完整性与代表性。所建立起的武汉近代教育建筑档案，包括三个部分：

及色彩运用等；对于部分建筑，建构建筑信息模型，凭借相关软件建模，实现全景、动态地观察建筑外部与内部。

线分析、建筑院落布局分析等。

准确、艺术性与通俗性并重，实现学术科研价值与鉴赏收藏价值并重。

处恳请专家批评指正。

大力协助与支持。武汉理工大学土木工程与建筑学院的各级领导与行政部门也极为支持本书的编著工作，并力所能及地

目录

0

导言

导言 武汉近代教育建筑①

清政府签订《天津条约》后，汉口于1861年被增设为通商口岸，大批西方传教士抵汉，教会文化渗入武汉本土教育。时任湖广总督的张之洞提出"以兴学为求才治国之首务"，由此也正式开启了武汉近代教育的历史。纵观近代百年武汉教育，学校体制由私塾、学馆、学院转向学堂、学校。在此转型期间，武汉近代教育建筑既有对西方学校建筑元素的吸纳，也有对武汉地域建筑风格的传承，在教育建筑领域反映出中西文化的冲突与交融。

第一节 武汉近代教育建筑发展历程

根据武汉近代教育建筑形成背景和发展历程，可将其历史划分为萌芽期、发展期、停滞期三个时间段（表0-1）。

表0-1 武汉近代教育建筑历史分期表

分期	历史背景	年份	历程概要
第一阶段：萌芽期(1861-1910年)	1861年汉口开埠，外来文化渗入武汉地区，教会学校纷纷开设；继1903年科举制度废除，清政府颁布《奏定学堂章程》，时任湖北学政的张之洞结合武汉时局，兴办一批新式学堂，促使武汉近代教育事业迅速发展。	1869年	张之洞任湖北学政时,于武昌筹建经心书院。
		1871年	美圣公会驻鄂主教韦廉臣为纪念文惠廉以"文华"之名在武昌贡院东面之昙华林建成文华书院,它是武汉最早的教会学校。
		1885年	中华循道公会弘道于武昌城内芝麻岭创办博文书院。
		1890年	瑞典教区创办真理中学。
		1891年	张之洞扩建了明代的江汉书院,同时建立了规模恢宏的两湖书院,这是传统书院发展的鼎盛时期。
		1897年	英国教会于昙华林创办鼓德女中。
		1893-1900年	新办了大量专业学堂,同时进行了旧式书院向新式学堂的改造。
		1902年	张之洞创办方言学堂,校址位于武昌东厂口,是武汉大学的前身之一。

---

① 本文所论述武汉近代教育建筑特指1861年汉口开埠后的武汉教育类型的建筑。

续表0-1

分期	历史背景	年份	历程概要
第二阶段： 发展期 （1911-1937年）	辛亥革命后，新政府颁布《壬子癸丑学制》，我国效仿西方制度化的教育模式，明确划分初、中、高等学校，完善了全阶段教育体系；"五四运动"致使武汉近代学校的课程、学时、教材内容甚至教学方式发生变化，并促使成人教育与女子教育的兴起；此时武汉本土民办学校与公立学校并置。	1911年	意大利籍主教田瑞玉邀请意大利加俏撒修女院院长柏博爱修女来武汉办学，开设圣若瑟女子中学。
		1912-1915年	在政策鼓励下，武汉近代公立中小学如雨后春笋，同一时期成立省立第一中学、武昌高师附小等学校。
		1915-1921年	董必武、钱介磐、陈潭秋为代表的中国无产主义革命家在武汉创办武汉中学、共进中学等私立学校；武汉近代中小学建筑呈现多元化属性，整体规模初见雏形。
		1924年	英美教会将文华大学、博文书院、博学书院、长沙雅礼大学合并，联合组成华中大学，校址定在武昌县华林原文华大学校园内，是一座英美式综合性大学。
		1930年	国立武汉大学新校舍一期工程正式开工。1932年3月，学校由东厂口迁入珞珈山新校舍。
		1936年	武昌善导女中校舍建成，为现代建筑风格的典范。
第三阶段： 停滞期 （1938-1949年）	抗战时期校舍在炮火中遭受严重破坏，为保留教育实力，学校响应战时布局被迫西迁；直至抗战胜利，大多数学校想尽一切办法将校址迁回武汉，因国民经济受到重创，武汉近代教育事业恢复缓慢，教育建设进入停滞期。	1938年	日军占领武汉，武汉的许多教育建筑也被日军占领。华中大学几经波折，迁址于桂林，后转到云南，闭门办学时间长达七年。

根据武汉近代教育建筑建成背景和发展情况，可大体将其划分为教会学校、官办学校和民办学校三种类型。

早期在武汉创办的教会学校以"义学"形式招收生源，选址于教会总堂所在地附近，作为扩大教会文化影响度的辅助机构。其教授的课程与当时武汉本地的传统书院及学堂截然不同，除了宣扬福音、传授外国科学知识外，还负责为外资企业培养驻武汉工作的人员；同时，武汉近代教会学校重视体育、音乐、舞蹈、表演、朗诵等方面的教育，在某种程度上也促进了武汉近代文化多元化发展。因功能需求，武汉近代教会学校内常见建筑有教堂、礼拜堂、办公楼和宿舍楼，规模较大的教会学校建有食堂、供培训人员专用的居住用房、校医院和供特色教学使用的建筑物，如艺术楼、带看台的体育场等。尤其教堂、礼拜堂建筑在设计上遵循宗教建筑传统特色，从形式上丰富了武汉近代教育建筑类型。随着社会时局变化，外来宗教文化在本地受到压制，而社会对人才的需求量日益增加，教会学校发展后期开始建立正规的教学体制，采取分班分科的形式，使学校逐渐成为由传播宗教文化为主，转化为以教书育人为主要功能的科学文化传播场所。教会学校开创了武汉地区寄宿学校和女子学校的先河，客观上促使了武汉女性有更多机会接受近代科学文化知识教育。

甲午战争之后，中日签订《马关条约》，允许外国人在通商口岸开设工厂。时任湖广总督的张之洞发现文化不通使商贸理念不一，语言不通使商贸交流不畅，于是提出"以兴学为求才治国之首务"[①]，效仿西方学校的办学模式，对传统书院的课程内容、办学目标等科举时期的固有模式进行改革，创办了自强学堂、五路高等小学堂[②]等近代学堂。民国建立后，初、中、高等教育被明确界定，官办书院和学堂响应新政，改名为国立小学、中学和大学。原张之洞督鄂时期开办的书院和学堂在规划上借鉴了祠堂、寺庙的建筑布局形式，多采用院落式布局，强调中轴对称。随着对西方校园规划元素和校园文化的吸纳，以国立武汉大学为代表的武汉近代教育建筑布局不再严格要求对称，设计中常与景观节点相结合来强化空间轴线。

官办学堂的成立标志着武汉近代教育彻底摆脱科举制度，日新预备中学堂、滋兰女学堂等民办学堂随之产生，促使武汉近代教育建筑形成官办、民办、教会三者并置状态。新文化运动后，我国近代教育步入科学发展阶段，蔡元培等教育学家主张全新办学的教育理念，董必武、钱介磐等在武汉创办私立武汉中学[③]、武昌共进中学等私立学校。早期民办学堂内建筑布局形式受传统书院布局影响较大，仍采用院落式建筑布局；发展成私立学校后，为满足发展需求而产生校政厅、总务处、教务处办公室和教职员宿舍等功能性建筑，布局方式自由，以强化建筑之间的关联性、方便师生使用为目的。

第二节　武汉近代教育建筑特征

随着时代的进步，人们对建筑功能的要求以及审美情趣发生改变的时候，只有不断尝试着去协调传统与新式之间的矛盾，才能解决伴随历史事件对建筑发展带来的冲击。当西方教会建筑文化入侵时，武汉近代教育建筑在经历吸收、改造、融汇这些艰难但却充满智慧的变化过程之中，逐渐形成不同于其他建筑类型的风格与样式特征。

一、总平面布局及其环境

武汉近代教育建筑经过上百年的演变，总平面布局形式也发生了一系列变化，总的来说都继承了传统建筑的布局特点，布局严谨对称，注重校园环境的营造。

---

① 出自民国三十六年由张继煦著《张文襄公治鄂记》中第7页。
② 即东、西、南、北、中路高等小学堂。
③ 湖北地区最早以白话教学的学校。

受到清末儒家思想的影响，早期武汉近代教育建筑群布局多以讲堂为中心，一进或多进合院式建筑通过庭院或天井组合，体现书院讲学、藏书、供祀的主体功能。张之洞创办著名两湖学院、经心学院和江汉书院。特别是规模恢弘的两湖书院，1890年建于武昌都司湖、菱湖，"教学改革使两湖书院初具新式学堂雏形，开湖北近代教育的先河"[①]。建筑群空间布局严谨，对人流具有较强引导性；环都司湖所建斋舍足有240间，采用中轴对称形式分列，每栋建筑前设书房，后建寝室，庭院中设有假山、水榭、花木等景观，推窗即见室外景色，足见武汉近代教育建筑初期设计中对选址和外环境营造方面已经十分的重视。

从中国传统书院基础上发展而来的新式学堂，在其建筑群总平面布局及环境设计中可见其对中国传统文化的尊重与沿袭，但一些细节的改良与创新则反映出设计者对新式教育功能的呼应，设计不再拘泥于固定模式，而开始关注以人为本的实用性。如张之洞所建的北路高等小学堂（后为武昌中央农民运动讲习所），建筑群布局较为自由，学堂中出现了大操场，并且建筑布局以操场为中心，各栋建筑单体采用外廊环绕，每两栋建筑之间通过穿廊过道相连，既可避风遮雨，也加强了学生之间的交流途径。

民国时期，新政府改学堂为学校，校园总平面布局以及环境特征都发生了较大改变。首先在空间布局上，尽管仍采用中轴形式，但其设计手法已不再求式对称布局，仅强调使用者对入口之间的"轴线"以及"对景"的体验感；其次，学校的中轴布置多借助景观节点、标志性小品（如旗杆、雕塑、路灯）等来指引使用者，以突出轴线效果；再次，校园规划整体表现出更为自由、随意的氛围。无论学校规模大小，校园分区明确，功能布局合理，表现出对地形环境的适应性。在汲取自然山水灵气的同时，校园刻意突出纪念性和校园景观的层次，重视教学空间。现坐落于武昌东湖西南岸的武汉大学校园由张之洞创办的自强书院发展而来，是由学堂改为学校的典型代表之一。其校区湖岸长达2km，校园内有珞珈山、狮子山、半边山、侧船山、火石山，山形起伏，环境优美；教学楼依山而建，体育场位于校园中心，教学楼、山体以及体育场在空间上形成轴线，沿此轴线布置草坪、花坛、广场等绿化节点，使得校园空间更显开敞，一幢幢建筑掩映于绿树丛中，营造出庄重而静谧

① 湖北省地方志编纂委员会.湖北通志 [M].武汉：湖北人民出版社，1994：62.

005

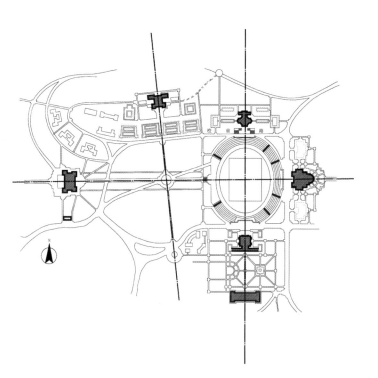

图0-1　国立武汉大学教学中心区总平面轴线关系图

的校园气质（图0-1）。

二、建筑平面特色

武汉属北亚热带季风性湿润气候，有雨量充沛、日照充足、夏季酷热、冬季寒冷的特点。武汉近代教育建筑展现出的地域特色，从设计策略角度较好地契合武汉特殊的气候环境特征，满足当地人的生活习惯及审美心理，从而在身体性舒适的前提上，更好地追求精神性深化。我们很难想象，不满足地域特色的生活习惯与审美心理，如何能在这些建筑中安心地学习和深造。因此，教育建筑较之其他类型的建筑而言，在空间形态上对地域特色要求更高，特色也更为明显，建筑的气候适应性彰显程度也更为彻底。具体在规划与设计中，教育建筑的气候适应性表现为：院落式组合和内廊式布局。

（一）院落式组合

武汉近代教育建筑多通过天井合理组织室内的自然通风、排水、遮阳，并利用绿化景观调节室内湿度，达到冬暖夏凉的效果，局部改善小环境。同时，建筑在水平方向自由延伸，从而将景观很好地引入人们的视线，使教师与学生能够在课下也具有轻松愉快的心情，营造生动而富有活力的建筑内外空间。不同的院落组合类型创造出的校园空间形态及绿化景观形式等都各有特色，表0-2列出几种具有代表性的院落组合类型。

表0-2 院落式组合类型表

院落式组合类型	简化示意图	代表性案例
两面围合型院落		昙华林真理中学、北路学堂
三面围合型院落		国立武昌高等师范学校附小、昙华林圣约瑟学堂
四面围合型庭院		武汉中央军事政治学校旧址

表0-3 走廊布局类型表

走廊布局分类	对应图例
"一"字型内廊	
"U"型内廊	
"回"字型内廊	
单侧外廊	
环形外廊	

（二）走廊布局

为了避免夏季阳光直射，以及冬季寒冷天气影响，一般走廊置于建筑内部，如此，提高了走道的使用率，平面布局也更为紧凑。但采光成为内廊式布局需要解决的问题，所以门窗等采光口的设计与处理显得尤为重要。建筑内部走廊的布局实际是建筑水平交通流线组织的反映，在不断探索适应学校教育模式的过程中衍生出多种走廊布局形式，如表0-3所示。

三、建筑风格

作为传播文明的场所，近代教育建筑较其他建筑类型更注重自身建筑的文化倾向性，无论外国传教士、外国设计师，抑或中国本土建筑师，

图0-2 博学中学教堂

图0-3 武昌善导女中

均未完全照搬西方建筑样式，而是谨慎地将中国传统建筑手法与西方建筑设计融合在一起，并且体现武汉这座城市独有的美学趣味。这些在立面上表现得尤为明显。

（一）西方古典主义建筑风格

武汉近代教育建筑表现形式较为多样，早期的教会学校为迅速被武汉民众接受，新建校舍主要采用西方建筑风格，不少传教士在缺乏专业设计指导下自己担当建筑师的角色来描绘设计图纸，而武汉本地工匠因文化阻隔、技术受限无法完全在施工层面上达到标准西式建筑营造的要求，这些客观因素都导致西方古典建筑风格在武汉近代教育建筑中的表现手法非完全纯正，但仍能清晰辨认出其建筑风格母体。例如古希腊建筑风格的文华中学礼拜堂、哥特式建筑风格的博学中学教堂（图0-2）等。

西方折衷主义建筑风格盛行于19世纪上半叶，对应的正是中国近代史期间。其建筑风格强调自由、灵活，不刻意追求对某一种建筑风格的完整诠释。它往往是将多种建筑风格集于一身，然后通过调节比例使之得以均衡，展现出一种形式美。武汉近代教育建筑中上智中学教学楼，即原德华学堂，是西方折衷主义建筑风格的代表作之一，该建筑在学校新建教学楼之后被拆。

（二）现代主义建筑风格

现代主义建筑风格在设计中注重功能，反对装饰主义、形式主义设计方式。这一理念的提出，使建筑回归其本质意义。1930年，接受过西方建筑教育的卢镛标在汉口创设了武汉第一家华人建筑设计事务所，他主持设计的武昌善导女中教学楼建筑（图0-3）跳脱当时的设计主流概念，外观几何形式凸显，红砖立柱分

图0-4 北路高等小学堂实景

隔清水外墙，除条形长窗外无任何多余装饰，建筑造型简洁、稳重，强调建筑内部空间的尺度感和功能的适宜度，是武汉近代教育建筑中较为少见的现代主义建筑风格。

（三）中西合璧式建筑风格

武汉近代本土教育建筑在设计中表现为中西合璧式风格，材质上以砖砌墙、以木做构件，色彩呈现出以赤、黑、白三色为主调，营造沉稳且不失活泼的校园氛围。如北路高等小学堂沿袭中国传统学宫式布局形式和色彩特点，校舍建筑立面保留中式古典建筑的三段式构图形式，但在建筑中仍可见对拱形窗和双层拱券门等西方建筑元素的运用（图0-4）。

四、建筑细部处理

建筑的细部是建筑整体中的局部，而细部中的细节是建筑文化的精华所在。作为教育文化与知识传播的承载场所——教育建筑在表现文化的细部和细节上，较之其他类型建筑，更为细腻，也更为精致。这些特色在建筑构件及绿化空间的营造上尤为突出。

（一）入口

入口空间往往是建筑中较为精华之处，也是一栋建筑或者是一个公共交往情境的开启之所，它联系建筑内、外空间，同时自身也是具有空间的场所。教育建筑的入口空间，除承担着公共交往开启与遮蔽的情境功能，还具有启示与指引、教化与皈依、传承与发展的文化标示之功用，更加着重于门（文化开启之门）与路（教化引导之路）的建筑功用。

（二）线脚

线脚、壁柱、装饰是组成立面构图的重要手段，突出建筑传统文脉特点。不同时期的细部表现能够直观地反映当下人民大众的审美趣味。除了装饰作用外，汉派线脚往往是结合门、窗、层高、壁柱等来做的，其连续性从视觉上能够达到水平或垂直分割立面的作用。

表0-4　屋顶形制列表

代表建筑	屋顶样式	图片
方言学堂	庑殿式	
文华大学圣诞堂	简化歇山顶形制	
国立武昌高等师范学校附小3号楼、武汉中央军事政治学校旧址、国民政府军事委员会政治部第三厅	歇山顶	
国立武昌高等师范学校附小5号楼	硬山顶	
武汉大学理学院	穹顶	

随着大众对过于繁复的装饰技巧失去兴趣，建筑线脚表达出简洁的风格，这种转变是十分自然的。如国立高师附小的门楼设计中借鉴了西式风格，线脚等细节的处理较为细腻、精致，但绝不会过分复杂。形成这种样式特点与工匠精湛的技艺密不可分，但也受到了当地民众审美取向的影响。

（三）屋顶

屋顶作为建筑的"第五立面"，既是时代的印记，也是传递历史或区域文化信息的典型符号。具体到教育建筑而言，屋顶作为建筑的制高点，无疑作为建筑类型的标志，体现出建筑所传承的文化取向与精神内涵。不同时期的建筑风格不同，屋顶样式也随之改变。例如坡屋顶体现出对中国传统文化的继承与发展，而西方穹顶则标志着西学东渐的文化气息。因设计者和不同时期的时代需求不同，建筑屋顶风格各异，但都将教育建筑的文化内涵与精神内核予以表达，予以彰显。表0-4列出五种具有代表性的屋顶样式。

（四）气窗

武汉许多老建筑都在坡屋顶上嵌一层气窗，气窗突出屋面开设窗户，其功能相当于开设高窗服务于室内采光、通风。这种形式影响了现代许多建筑造型，比如：住宅将它改造成屋顶气窗型阳光房，防雨防尘，有效利用上层空间；在气窗不计入建筑面积的前提下，从立面上能够起到和谐开间与调节高度比例的作用。

01

第一章

第一章 文华大学

武昌文华大学原校址位于武昌昙华林111号，现湖北中医药大学昙华林校区内。文华大学内校园建筑最早可追溯到1871年美国圣公会上海教区第二任主教韦廉臣在武昌府街兴建的一所圣公会男童寄宿学校。现存文华大学时期的建筑主要为文华大学文学院、文华大学理学院、圣诞堂、翟雅各健身所，其总建筑面积为3791m²。

第一节 历史沿革

文华大学历史沿革

时 间	事 件
1871年	美国圣公会上海教区第二任主教韦廉臣在武昌府街兴建了一所圣公会男童寄宿学校。
1873年	学校有了"文华书院"的中文名称。
1903年	文华书院大学部正式建立。 图1-1 建设中的武昌文华书院（1896年）（图片来源《大武汉旧影》）
1909年	文华书院在美国哥伦比亚特区注册，学校改名为"文华大学校"。
1924年	武昌文华大学与博文书院大学部、博学书院大学部合并，成立华中大学，校址设在武昌昙华林。
1929年	岳阳滨湖书院大学部、长沙雅礼书院大学部并入。
1951年	朝鲜战争爆发后，人民政府接管了教会学校。
1952年	全国高校院系调整时，以原公立华中大学为主体，集中组建了华中高等师范学校。
1953年	华中高等师范学校改名为华中师范学院。后来，华中师范学院（现华中师范大学）迁往城外，原华中大学校园又改办湖北中医学院。
1993年7月28日	文华大学文学院、文华大学理学院、圣诞堂、翟雅各健身所，被武汉市人民政府公布为优秀历史建筑。

第二节　建筑概览

现存文华大学时期的建筑主要为圣诞堂、文华大学文学院、文华大学理学院、翟雅各健身所。

圣诞堂于1870年建成，建筑面积533m²，为西式建筑，其廊柱造型为仿古希腊廊柱风格，该建筑系美国基督教圣公会在文华大学内建造的校园礼拜堂。2002年进行过一次维修，木板地面改为大理石，三拱券门改为方门。

文学院于1901年建成，建筑面积1256m²，曾维修过，但建筑结构没有发生改变，现用作湖北中医药大学教学楼。该建筑为两层砖木结构，坐北朝南，建筑外立面台基用毛石贴面，基础加透空层，曲尺形平面，为西式内天井回廊式建筑。

理学院于1915年建成，两层砖木结构，总建筑面积1006m²。该建筑坐北朝南，建筑平面为"凹"形，建筑外立面台基用毛石贴面，基础加透空层。

翟雅各健身所建成于1921年，两层砖混结构，总建筑面积996m²。该建筑的建筑风格与建筑结构十分独特，是武汉市现存最早的三座体育馆之一。该建筑坐东朝西，中式屋面，西式屋身，作为一个中西交汇、新旧交替时期的建筑代表，浪漫且具有怀旧气息。建筑功能与现代体育馆相仿，一层为体育器材及辅助用房，二层为比赛大厅。两侧突出的耳房为楼梯间。文华大学建筑照片详见图1-2至图1-11所示。

图1-2　圣诞堂透视图

图1-3　圣诞堂立面图

图1-4　文学院透视图

图1-5　文学院立面图

图1-6　文学院中庭

图1-7　理学院鸟瞰图

图1-8　理学院立面图

图1-9　翟雅各鸟瞰图

图1-10　翟雅各立面图

图1-11　细节实景组图

第三节　技术图则

依据建筑实测图纸，部分辅以三维建模，用技术图则方式解析文华大学建筑的环境布局、平面布置、功能流线、围护结构、采光及通风等规划建筑诸元素。文华大学技术图则详见图1-12至图1-84所示。

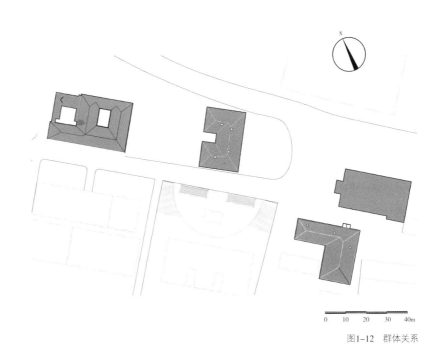

0　10　20　30　40m

图1-12　群体关系

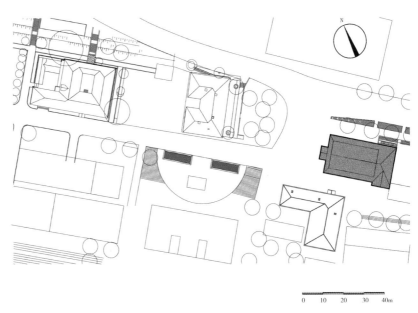

0　10　20　30　40m

图1-13　总平面图

一、圣诞堂

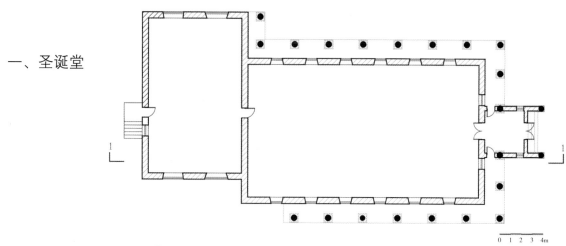

图1-14 平面图

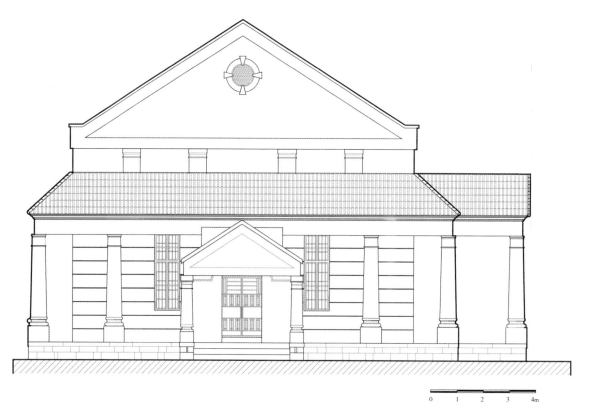

图1-15 西立面图

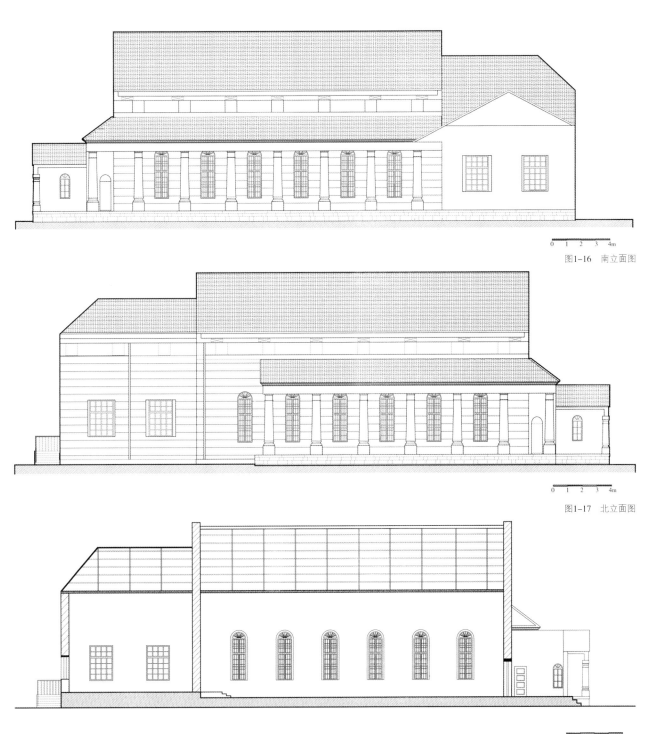

0 1 2 3 4m
图1-16 南立面图

0 1 2 3 4m
图1-17 北立面图

0 1 2 3 4m
图1-18 1-1剖面图

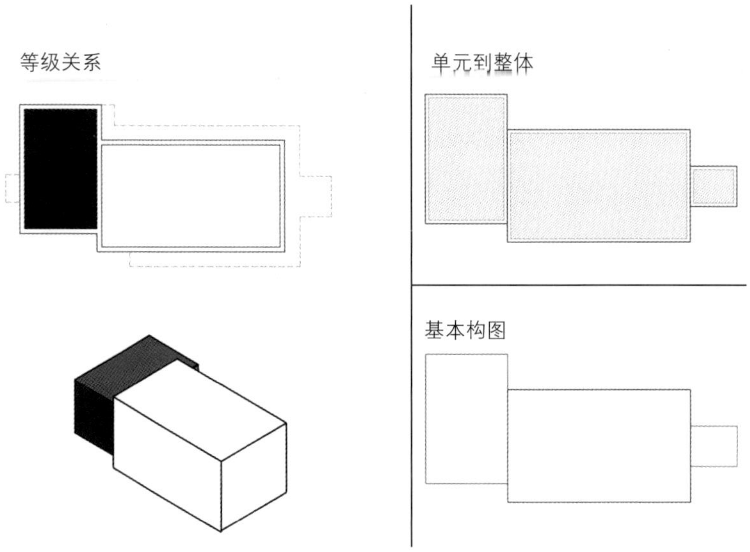

等级关系

单元到整体

基本构图

图1-19 等级关系、单元到整体、基本构图

流线分析

功能区块

→ 流线

对称与均衡

立面中轴对称

图1-20 对称与均衡、几何关系

对称与均衡

平面中轴对称

几何关系

图1-21 流线分析

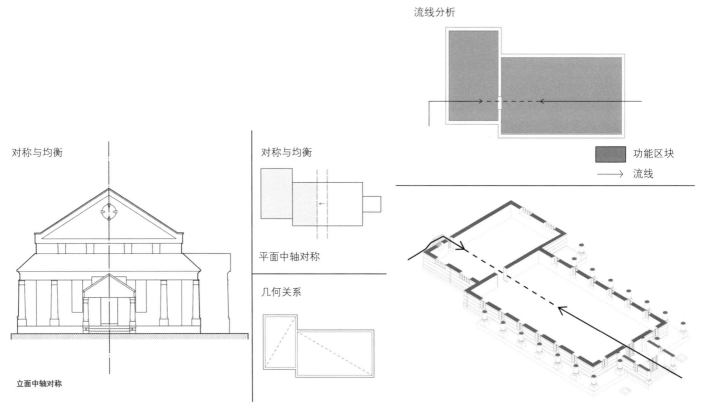

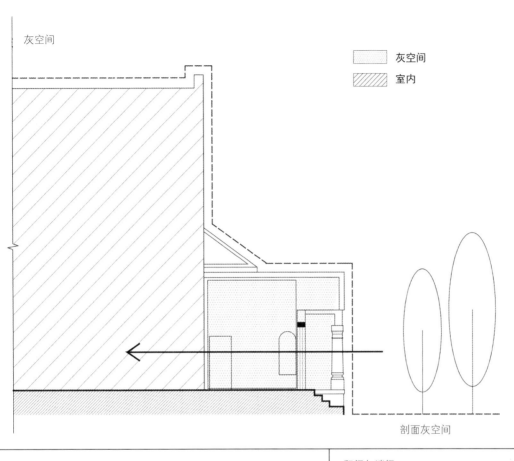

灰空间

灰空间

室内

剖面灰空间

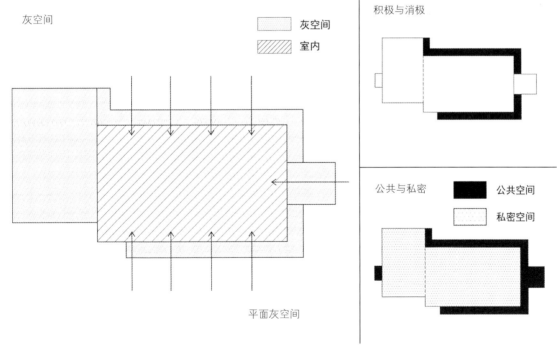

灰空间

灰空间

室内

平面灰空间

积极与消极

公共与私密

公共空间

私密空间

图1-22　灰空间、积极与消极、公共与私密

◆ 图1-23："母题"无疑占有相当分量，通过母
题来统摄全局、协调局部、营造变化、创造韵
律是西方古典建筑的一大特征，同时也对现今
设计颇有借鉴与启发的作用。

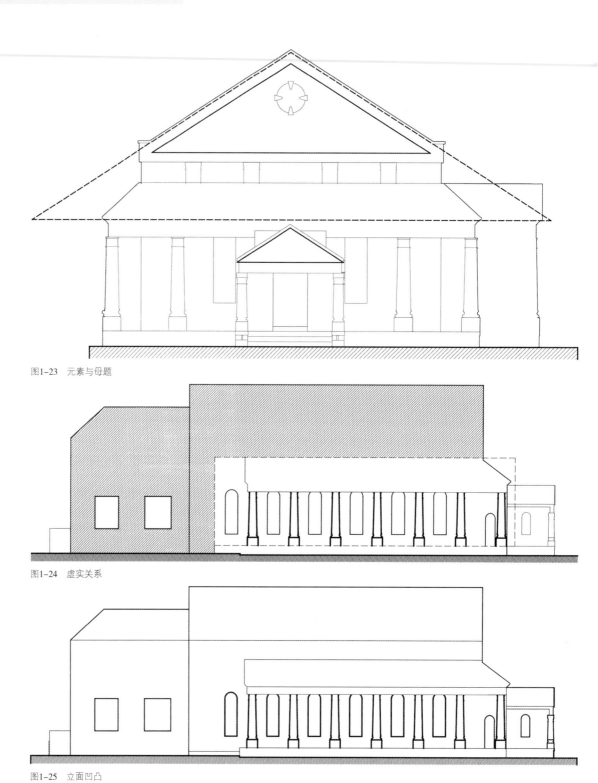

图1-23 元素与母题

图1-24 虚实关系

图1-25 立面凹凸

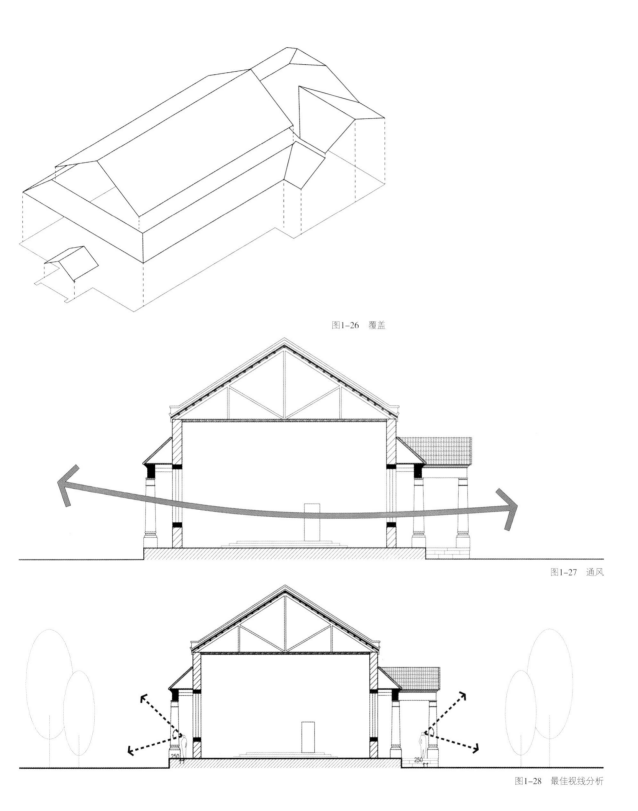

图1-26　覆盖

图1-27　通风

图1-28　最佳视线分析

024

图1-29 门大样图　　　　　图1-30 窗大样图

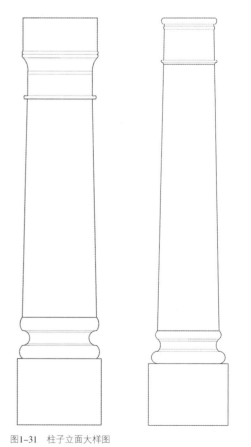

图1-31 柱子立面大样图

二、文学院

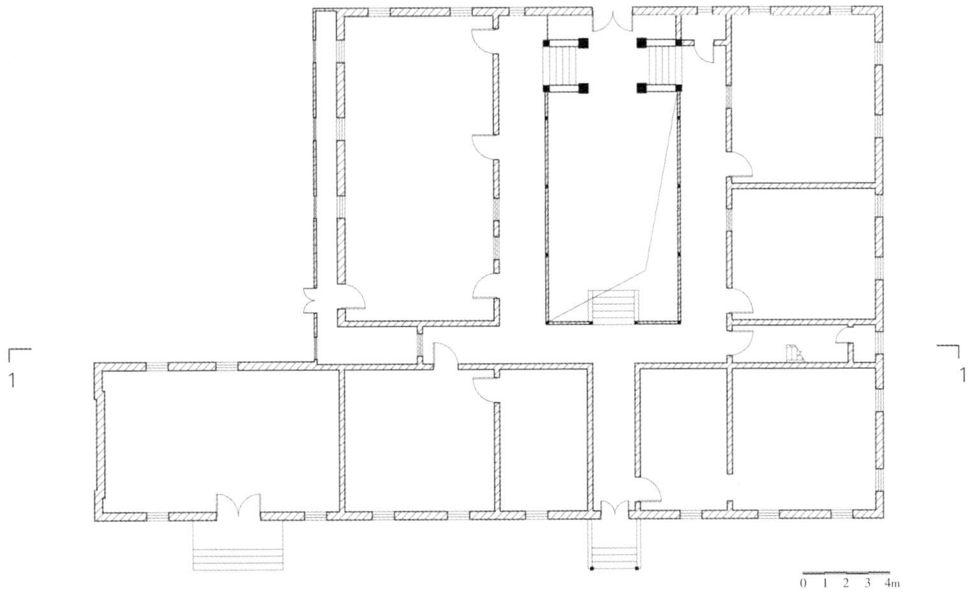

图1-32　一层平面图

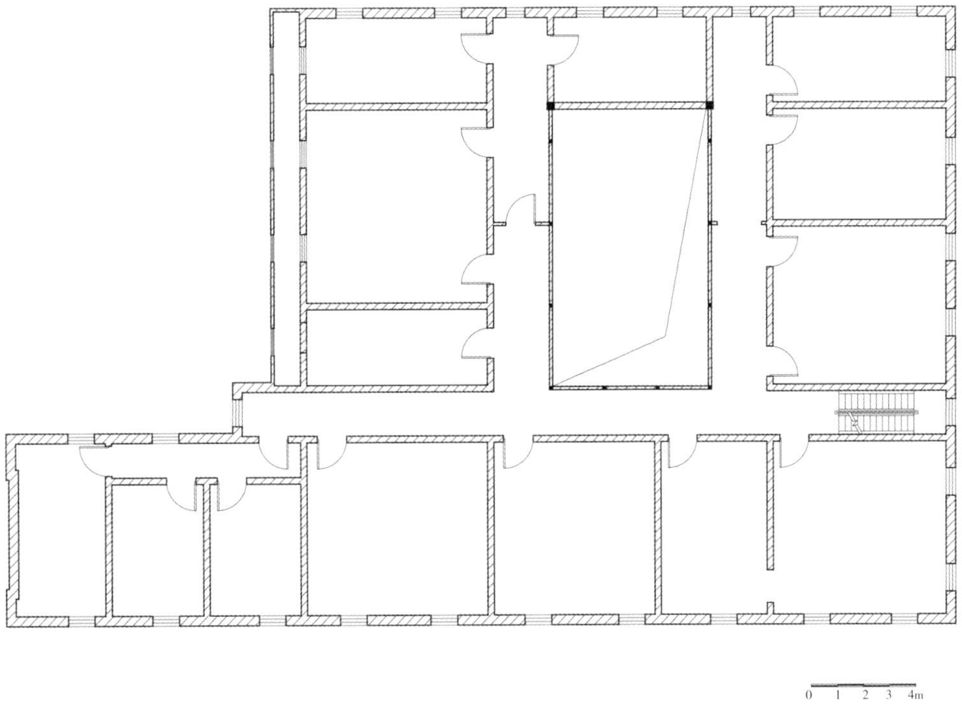

图1-33　二层平面图

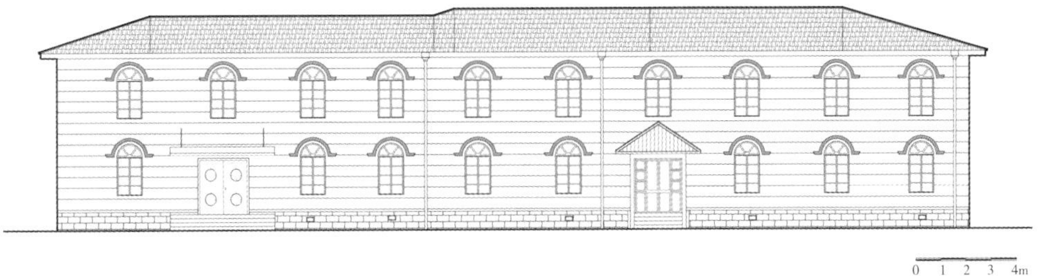

图1-34　立面图一

图1-35 立面图二

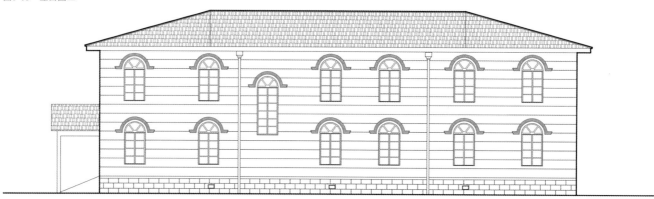

图1-36 立面图三

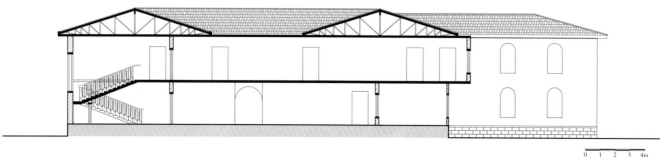

图1-37 1-1剖面图

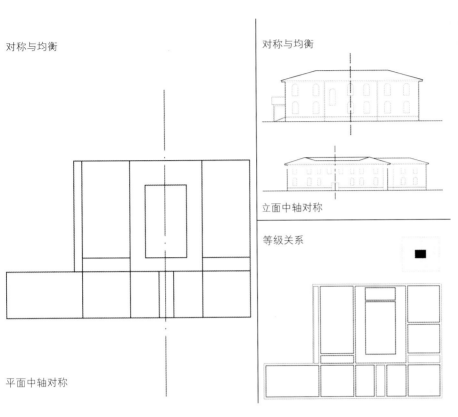

对称与均衡

平面中轴对称

对称与均衡

立面中轴对称

等级关系

图1-38 对称与均衡、等级关系

◆ 图1-38~图1-41："内院"无疑是建筑构图、空间形态、功能布局、流线组织之核心。实际上对于小体量建筑而言，可以不夸张地说内院就是它的精髓，甚至就是它的全部。

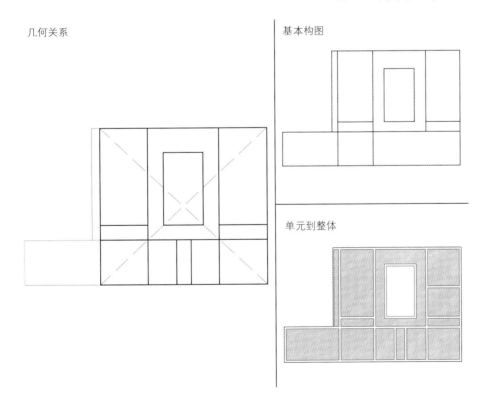

几何关系

基本构图

单元到整体

图1-39 几何关系、基本构图、单元到整体

027

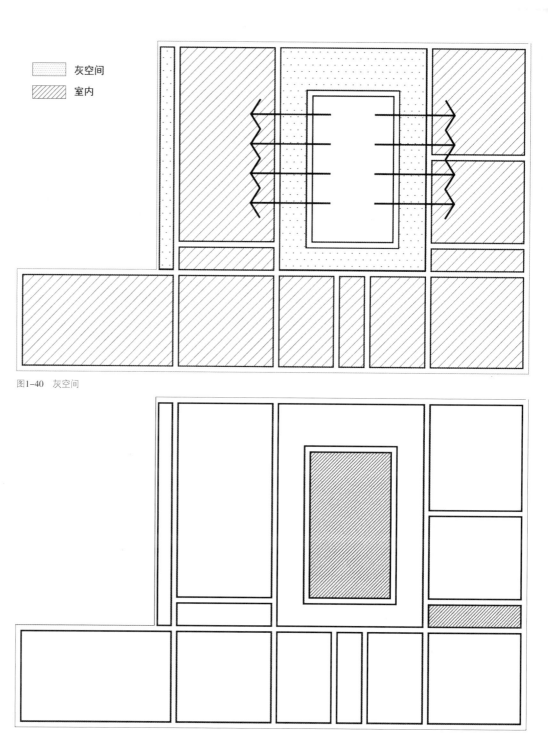

图1-40　灰空间

图例：
灰空间
室内

图1-41　节点与核心

武汉
近代教育建筑

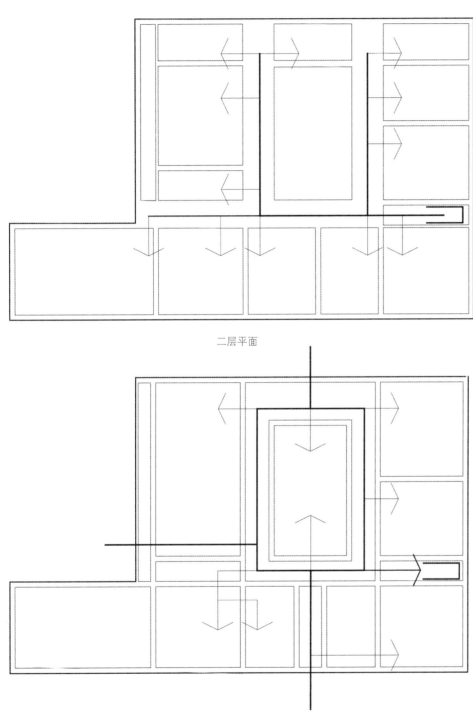

二层平面

一层平面

—— 主要流线

——→ 次要流线

图1-42　流线分析

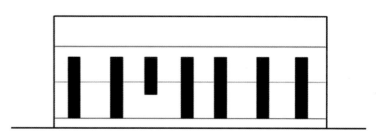

图1-43　韵律

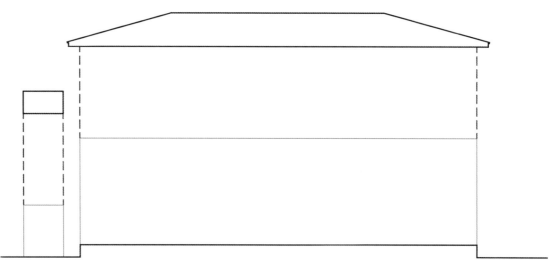

图1-44　立面凹凸

图1-45　覆盖

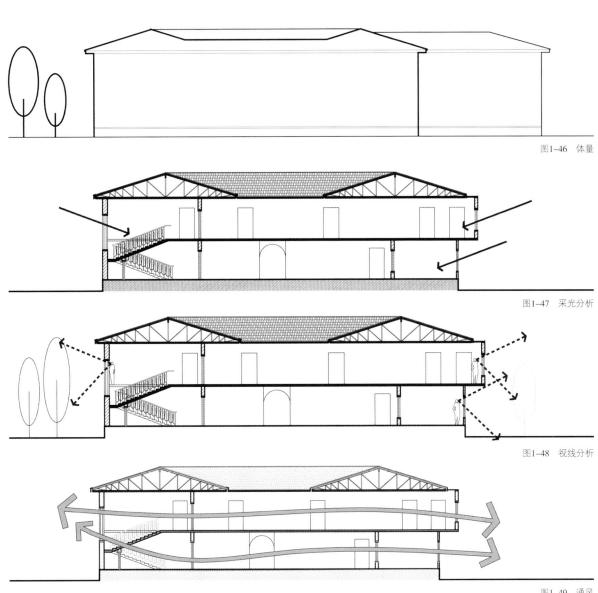

图1-46 体量

图1-47 采光分析

图1-48 视线分析

图1-49 通风

032

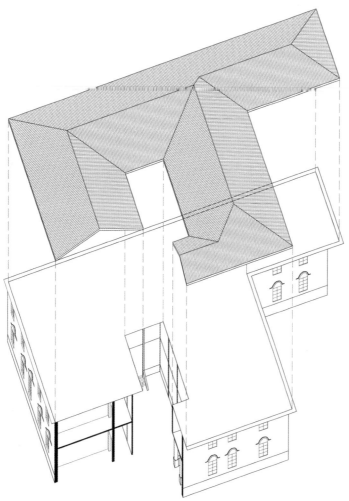

图1-50　分解轴测图

三、理学院

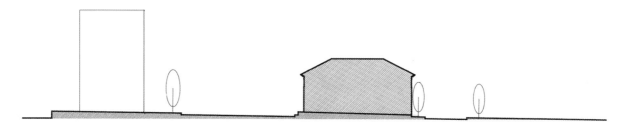

图 1-51　街道

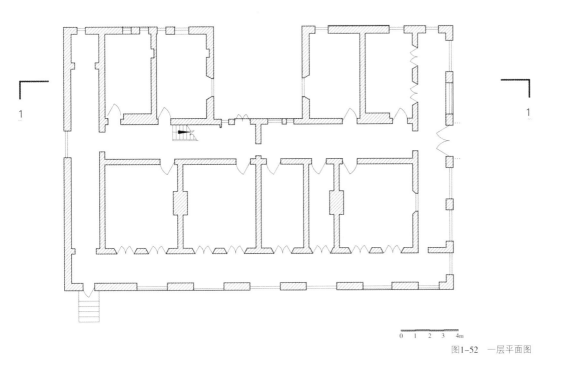

0 1 2 3 4m

图1-52 一层平面图

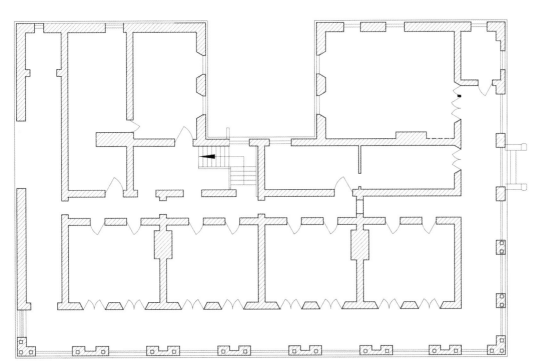

0 1 2 3 4m

图1-53 二层平面图

034

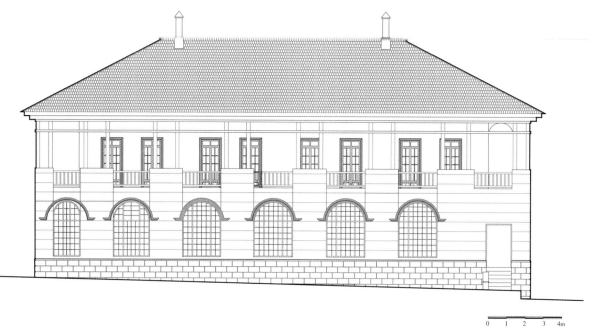

图1-54 西立面图

0 1 2 3 4m

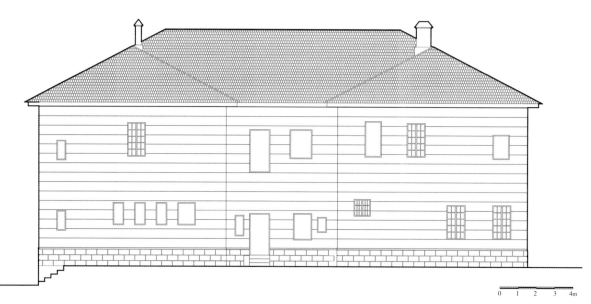

图1-55 东立面图

0 1 2 3 4m

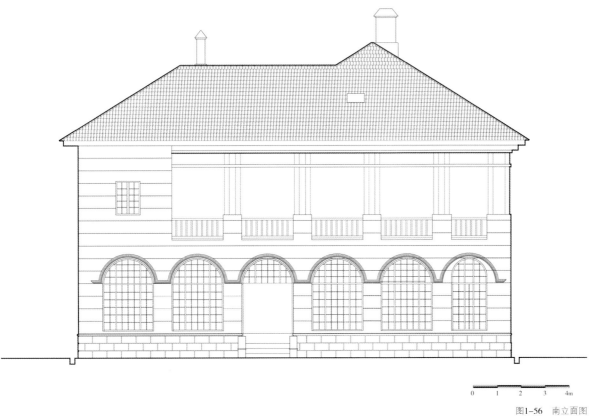

0 1 2 3 4m

图1-56 南立面图

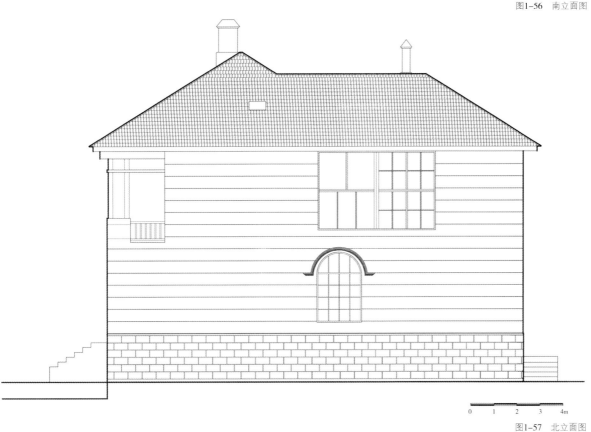

0 1 2 3 4m

图1-57 北立面图

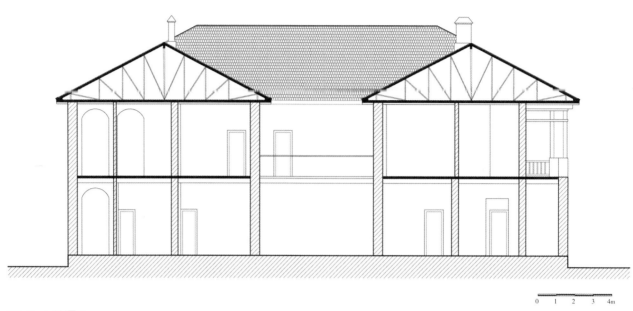

图1-58 1-1剖面图

036

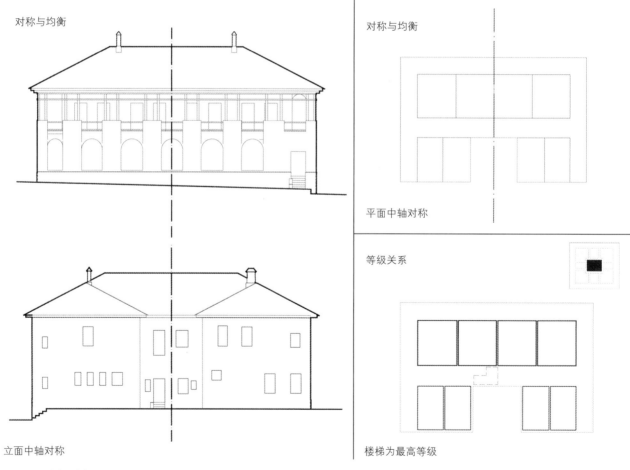

对称与均衡

对称与均衡

平面中轴对称

等级关系

立面中轴对称

楼梯为最高等级

图1-59 对称与均衡、等级关系

单元与整体

几何关系

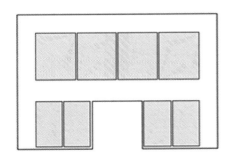
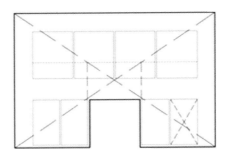

图1-60 单元与整体、几何关系

灰空间
建筑通过外廊形成灰空间

灰空间

室内

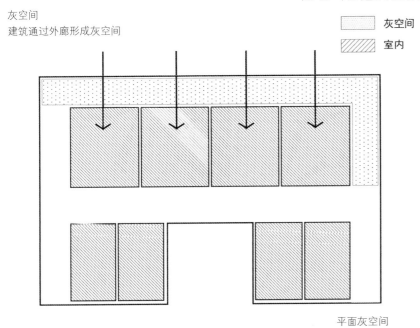

平面灰空间

灰空间

灰空间

室内

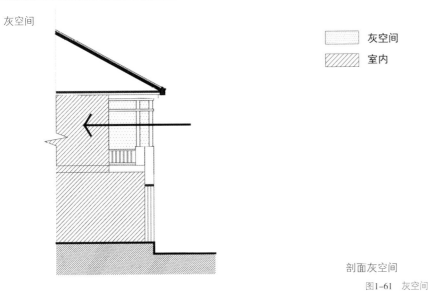

剖面灰空间

图1-61 灰空间

037

流线分析

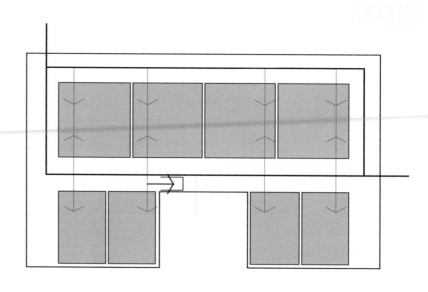

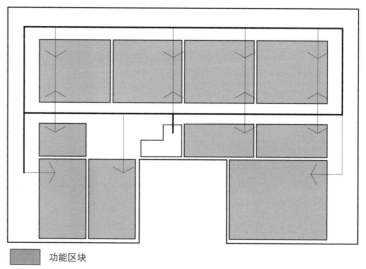

■ 功能区块

—— 主要流线

⟶ 次要流线

图1-62 流线分析

◆ 图 1-63：建筑韵律或因凹凸与虚实，或因重复
与变化，建筑韵律如同音乐如同诗歌，塑造出建筑
丰富的情感与别样的美。

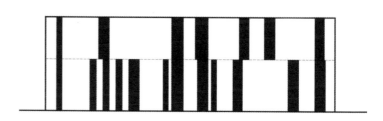

图 1-63 韵律

039

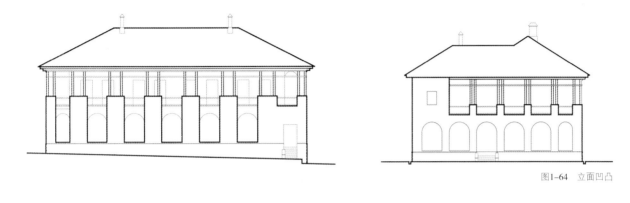

图1-64　立面凹凸

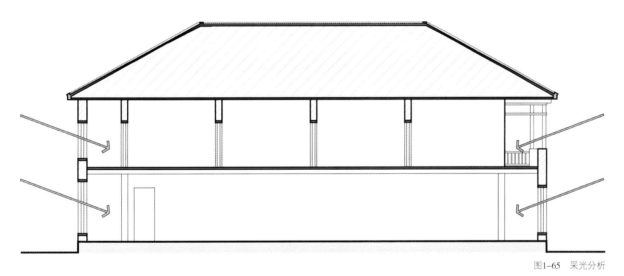

图1-65　采光分析

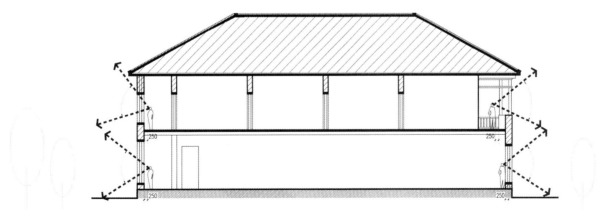

图1-66　视线分析

040

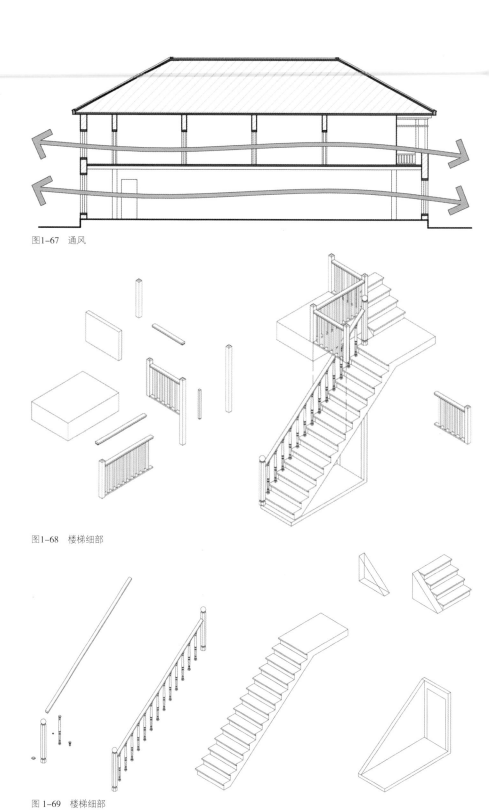

图1-67　通风

图1-68　楼梯细部

图 1-69　楼梯细部

◆　图1-70~图1-72：一层小房间居多，二层以大空间为主，阁楼层充分利用空间，结构明确构造合理。

四、翟雅各

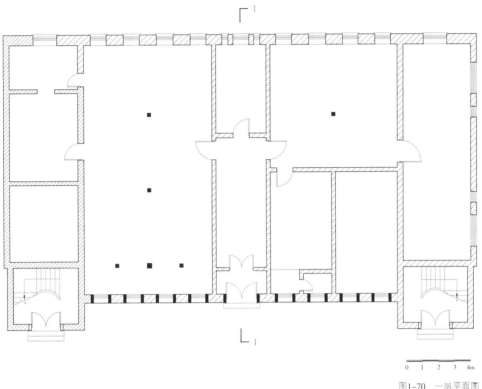

0　1　2　3　4m

图1-70　一层平面图

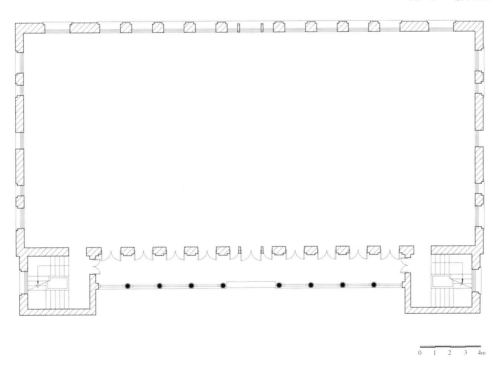

0　1　2　3　4m

图1-71　二层平面图

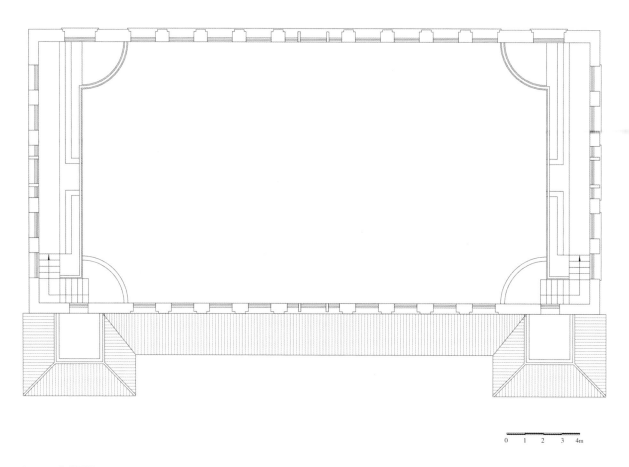

图1-72 阁楼平面图

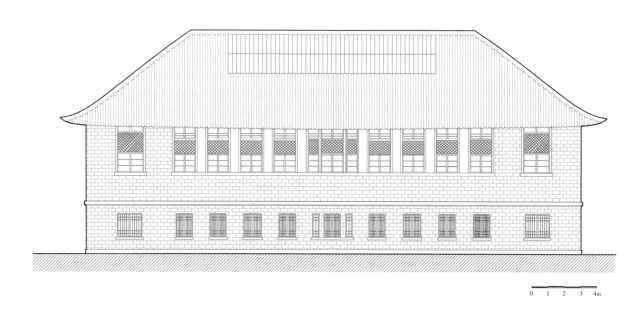

图1-73 东南立面图

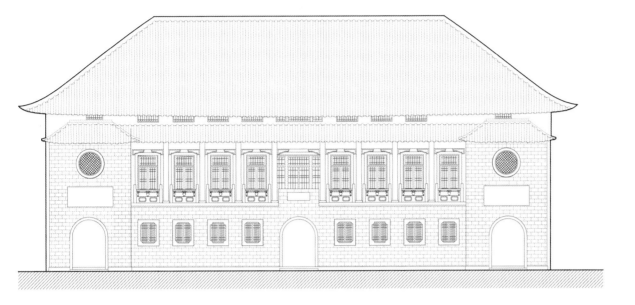

0　1　2　3　4m

图1-74　西北立面图

0　1　2　3　4m

图1-75　西南立面图

044

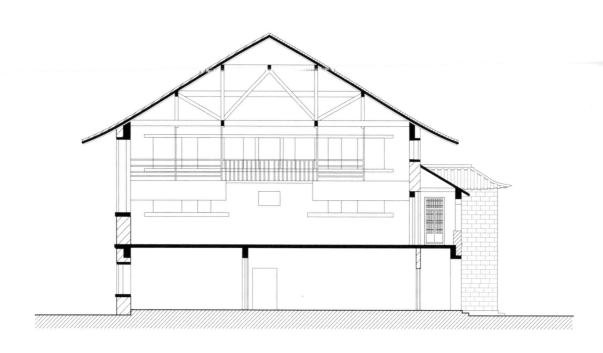

0 1 2 3 4m

图1-76 1-1剖面图

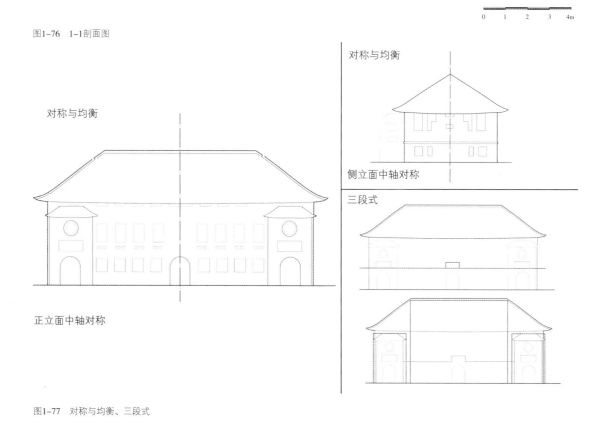

对称与均衡

侧立面中轴对称

三段式

对称与均衡

正立面中轴对称

图1-77 对称与均衡、三段式

流线分析

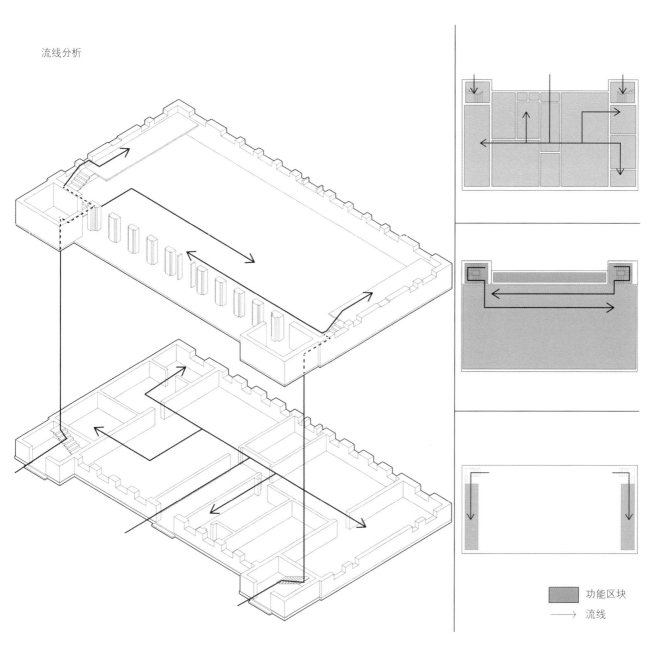

功能区块

—→ 流线

图1-78 流线分析

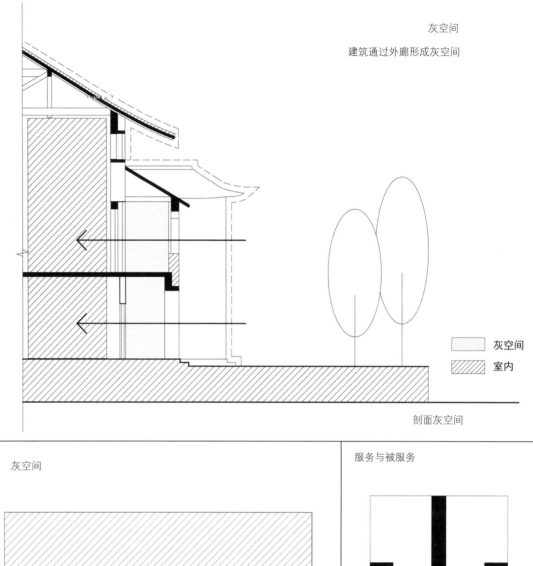

灰空间

建筑通过外廊形成灰空间

剖面灰空间

灰空间
室内

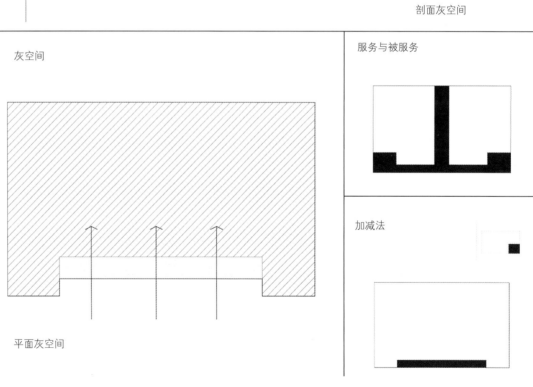

灰空间

平面灰空间

服务与被服务

加减法

图1-79　灰空间、服务与被服务、加减法

覆盖

立面凹凸

入口分析

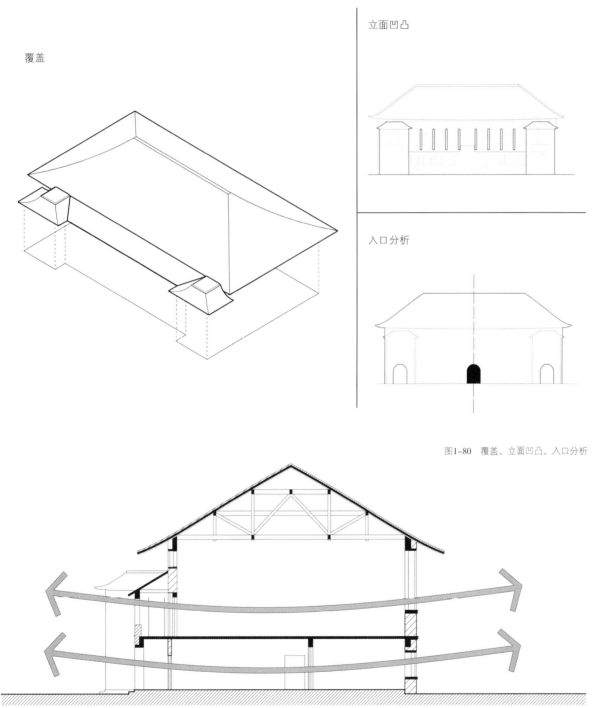

图1-80 覆盖、立面凹凸、入口分析

图1-81 通风

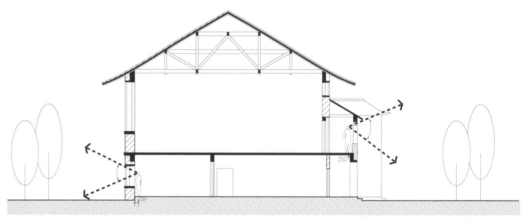

图1-82　最佳视线分析

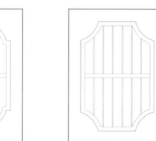

图1-83　窗大样图

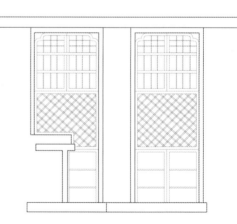

图1-84　门大样图

02

第二章

第二章 昙华林真理中学

昙华林真理中学位于昙华林115号，旧址内含有两栋平房与一栋两层辅楼，全部为砖木结构，由瑞典基督教行道会创建于1890年。建筑的院落空间保存得非常完整，院子的尺寸约为12m×25m。昙华林真理中学建筑很好地体现出了中西建筑文化结合的特点。

第一节　历史沿革

昙华林真理中学历史沿革

时　间	事　件
1890年	建成昙华林真理中学，创建者为瑞典基督教行道会。
1895年	用作仁济医院附属病房。
20世纪初	归华中大学（今华中师范大学）所有。
1922年	经历重建，并再次开办教学。重建期停教，重建后开办教学。
1937年	抗战结束后停止办学。
20世纪50年代初	开始作为华中大学老教师宿舍。  图2-1　昙华林真理中学（2号楼北立面）
2014年	昙华林真理中学旧址改为昙华林历史文化陈列馆，于2014年6月开馆，并计划此后每周二至周日免费对外开放，开放时间为上午9：00至下午16:30。

第二节 建筑概览

　　昙华林真理中学建筑的院落空间保存得非常完整，院落一侧开有小门，进去则是倒座和迎面的正厅，两边是厢房。院子的尺寸约为12m×25m，原来的真理中学，则位于"正厅"的位置上，是单层的中式大屋顶建筑，围廊边均为木头方柱，墙体则用石柱支撑。门、窗均为木制，并铺有木地板。建筑细部上，走廊柱间装饰有菱形镂空挂落，房门上开窗也有半圆形或三角形等各种形状，较为独特。昙华林真理中学照片详见图2-2至图2-8所示。

图2-2　昙华林真理中学鸟瞰图

图2-3　外廊式入口

052

图2-4　1号楼门窗

图2-5　1号楼门洞

图2-6　1号楼雀替

图2-7　2号楼透视（修复后）

图2-8　2号楼窗（修复后）

第三节　技术图则

　　依据建筑实测图纸，部分辅以三维建模，用技术图则方式解析昙华林真理中学的环境布局、平面布置、功能流线、围护结构、采光及通风等规划建筑诸元素。昙华林真理中学技术图则详见图2-9至图2-35所示。

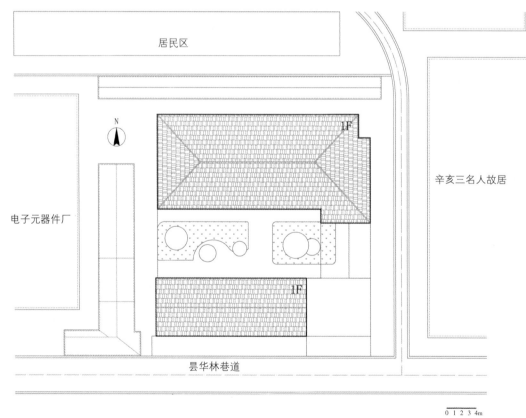

图2-9　总平面图

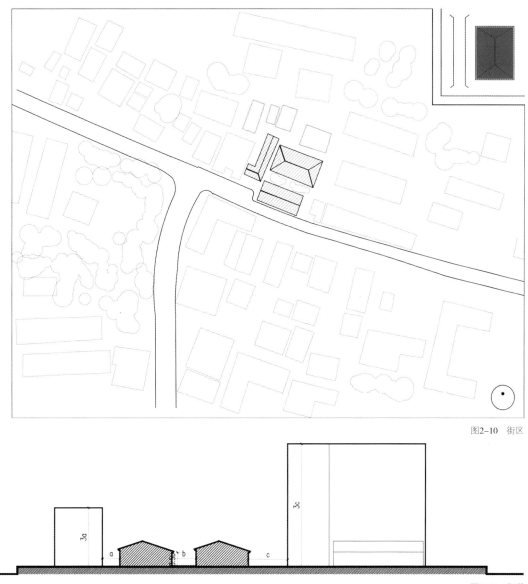

图2-10　街区

图2-11　街道

一、1号楼

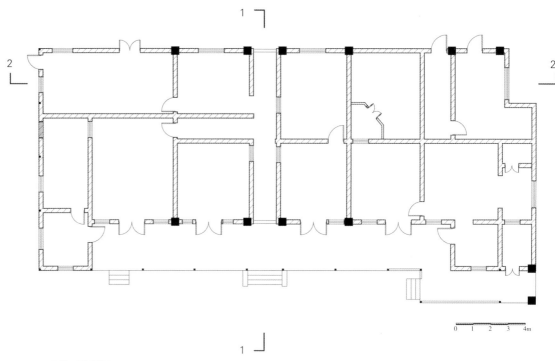

图2-12 1号楼一层平面图

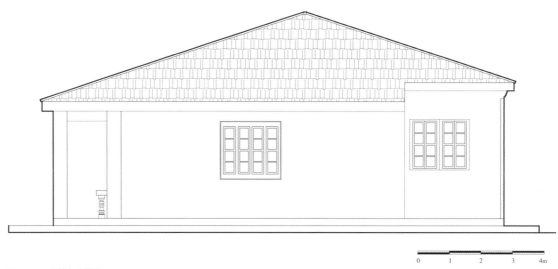

图2-13 1号楼东立面图

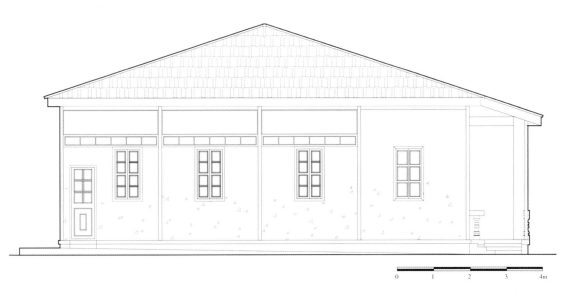

0　　1　　2　　3　　4m

图2-14　1号楼西立面图

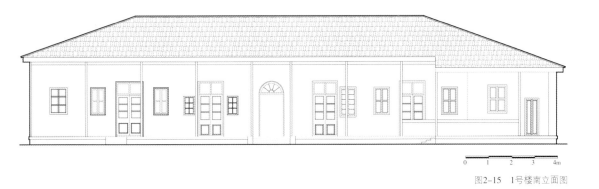

0　1　2　3　4m

图2-15　1号楼南立面图

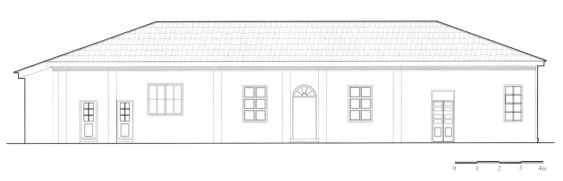

0　1　2　3　4m

图2-16　1号楼北立面图

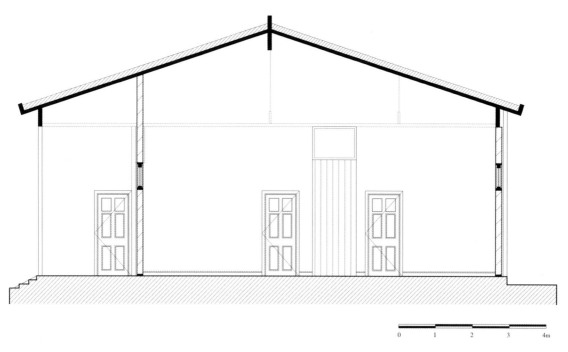

图2-17　1号楼1-1剖面图

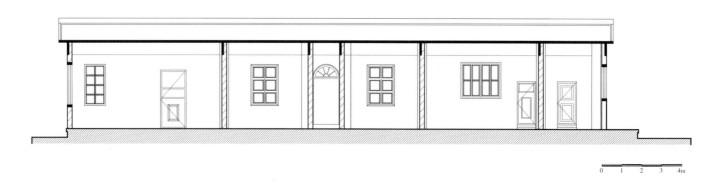

图2-18　1号楼2-2剖面图

二、2号楼

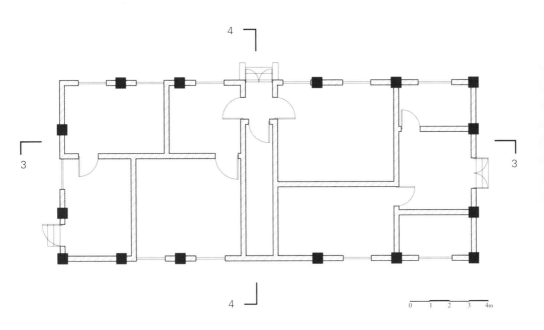

◆　图1-19：出入口大门位置紧邻台阶，从疏散及使用便利考量似有不妥，但在近代小体量建筑中经常出现，恐与其使用人数不多，及经济性考虑有关。

图2-19　2号楼一层平面图

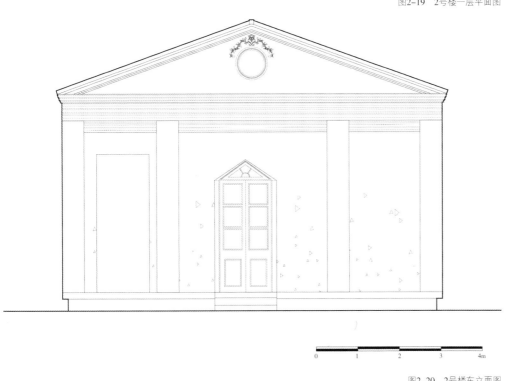

图2-20　2号楼东立面图

060

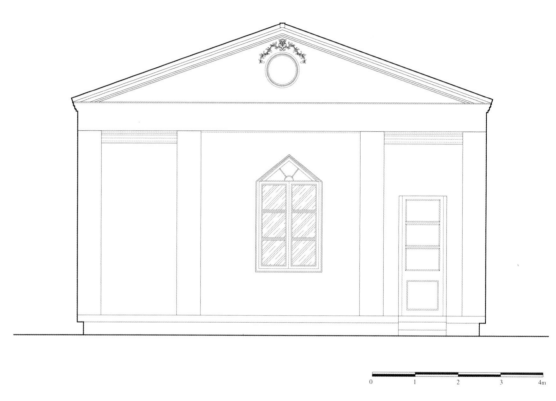

0　　　1　　　2　　　3　　　4m

图2-21　2号楼西立面图

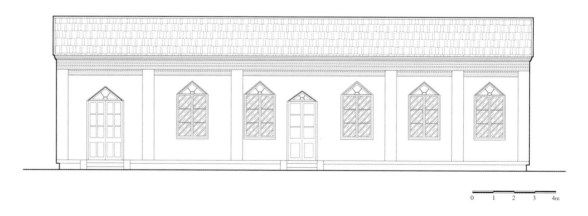

0　　1　　2　　3　　4m

图2-22　2号楼北立面图

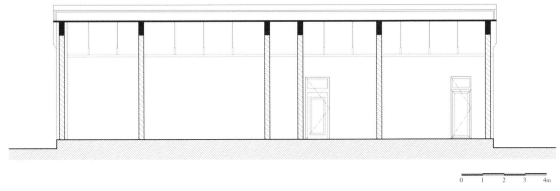

0　1　2　3　4m

图2-23　2号楼3-3剖面图

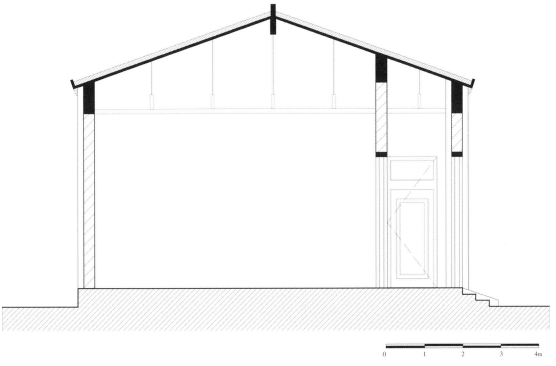

0　1　2　3　4m

图2-24　2号楼4-4剖面图

062

基本构图

对称与均衡

单元与统一

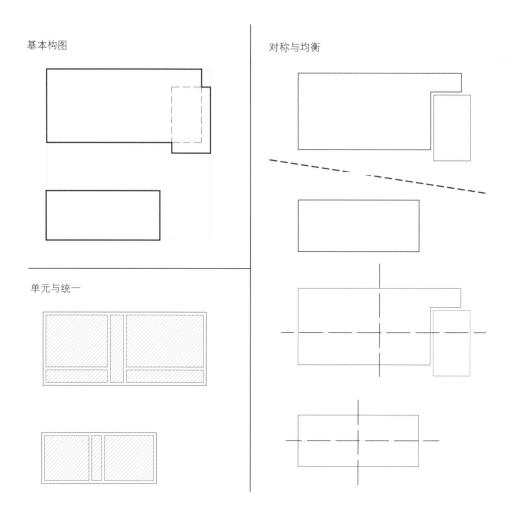

图2-25　基本构图、单元与统一、对称与均衡

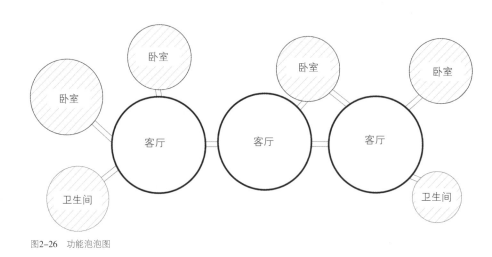

图2-26　功能泡泡图

流线分析

流线简洁、明确，从外廊可以到达建筑各个房间

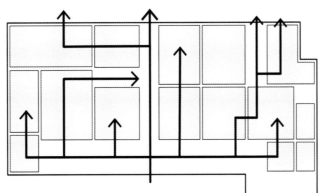

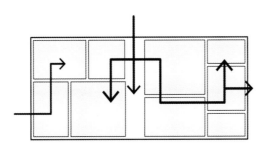

功能区块

流线

流线分析

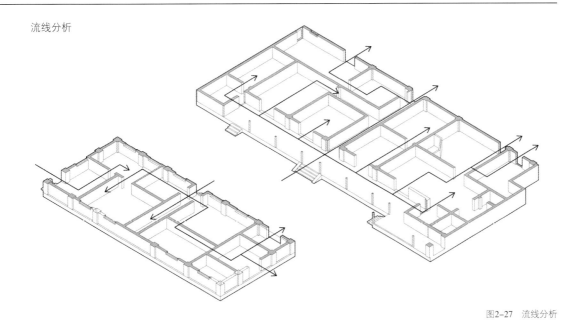

图2-27　流线分析

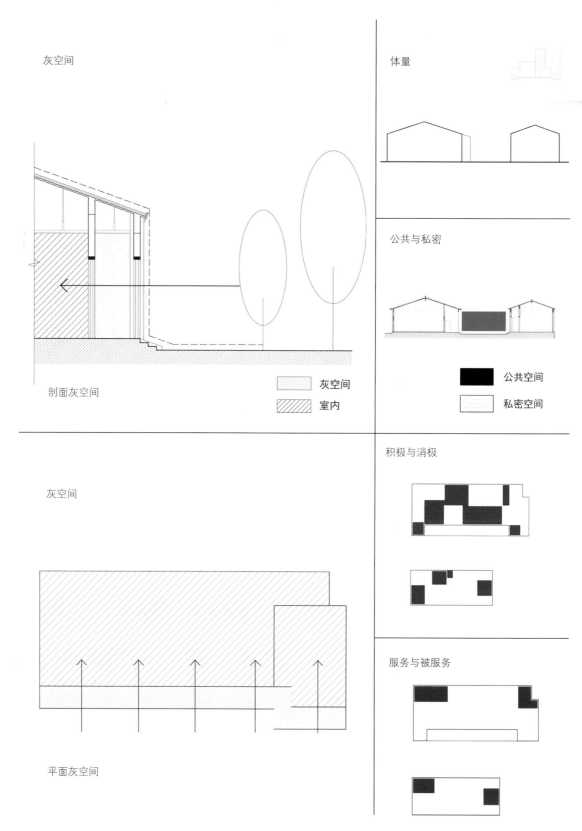

灰空间

体量

剖面灰空间

灰空间 灰空间
室内 室内

公共与私密

公共空间 公共空间
私密空间 私密空间

灰空间

积极与消极

平面灰空间

服务与被服务

图2-28 灰空间、体量、公共与私密、积极与消极、服务与被服务

◆ 图1-28：通过走道（外廊）营造灰空间是建筑设计的惯用手法。

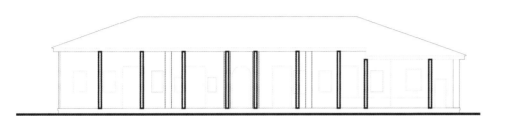

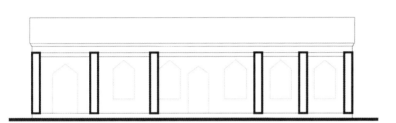

图2-29　立面凹凸

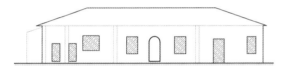
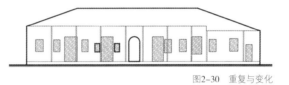

图2-30　重复与变化

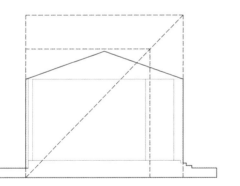
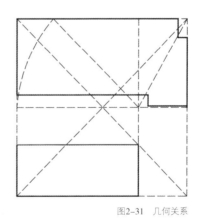

图2-31　几何关系

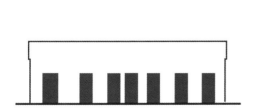
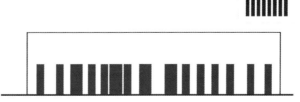

图2-32　韵律

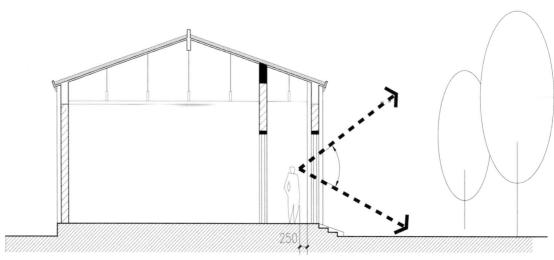

图2-33 最佳视线分析

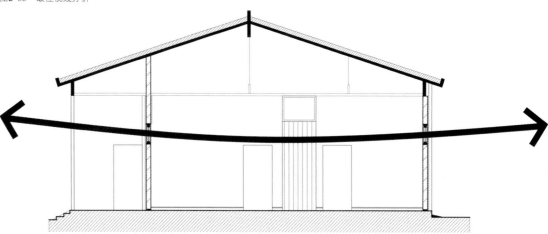

图2-34 通风分析

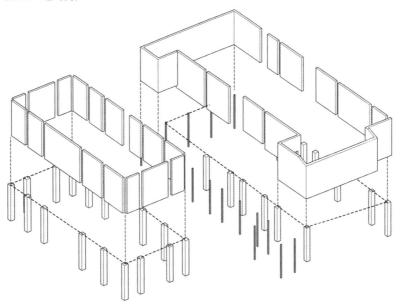

图2-35 结构与维护体系

03

第三章

第三章 自强学堂

自强学堂于1893年由张之洞开办，有着悠久的历史，原自强学堂位于武昌三佛阁大朝街口，后迁至东厂口，同时改名为方言学堂，是武汉大学的前身之一。方言学堂（原自强学堂）现存一座砖木结构建筑，建筑面积466m²，正方形平面。建筑巧妙运用了古代建筑的元素，采用四坡屋顶的形式，四面回廊环绕，发挥了中国传统建筑的美学思想，古朴而庄严。

第一节　历史沿革

自强学堂历史沿革

时　间	事　件
1889年	张之洞就任湖广总督后，开始着手创办两湖书院。
1891年	张之洞提出创办方言商务学堂的计划。
1893年	张之洞创办自强学堂。
1896年7月	鉴于中日甲午战争的教训，自强学堂调整学科门类设置，改订章程，强化外语人才的培养，算学改归两湖书院。方言课程的学习范围扩大为英语、法语、德语、俄语、日语。
1902年	自强学堂由三佛阁迁至东厂口，同时改名为方言学堂。
1911年3月	湖北提学使王寿彭停办方言学堂，校产交武昌军官学校使用。
1913年7月	以原方言学堂的校舍、师资、图书为基础，改建为国立武昌高等师范学校。  图3-1　武昌高等师范全景（来源《大武汉旧影》）

图3-2 自强学堂透视图

第二节 建筑概览

自强学堂由张之洞在1893年创办，目的是为了培养通晓外文的外交人员。它是中国近代教育史上第一所真正由中国人自行创办和管理的新式高等专门学堂，从而开启了湖北教育的先河。"自强"二字源于张之洞向光绪帝上奏的《设立自强学堂片》。他认为"盖闻经国以自强为本"、"自强之道，以教育人才为先"。自强学堂采用了新的教学模式，大量专门人才被培养出来，为国家做出了许多贡献。1902年，自强学堂由三佛阁迁至东厂口，同时改名为方言学堂。方言学堂（原自强学堂）不设总办，设有地理、历史、算术、公法、交涉等课程。此后由于教育经费紧张、学堂风气不端等事由被强令停办，校产交武昌军官学校使用。

自强学堂建筑照片详见图3-2至图3-3所示。

图3-3 自强学堂局部透视图

第三节　技术图则

　　依据建筑实测图纸，部分辅以三维建模，用技术图则方式解析自强学堂建筑的环境布局、平面布置、功能流线、围护结构、采光及通风等规划建筑诸元素。自强学堂技术图则详见图3-4至图3-18所示。

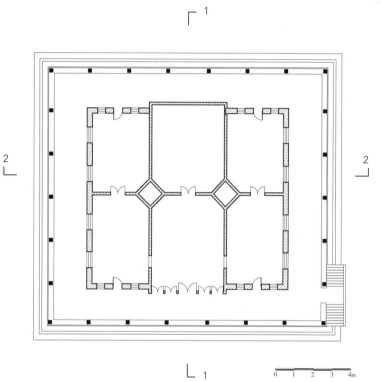

图3-4　方言学堂一层平面图

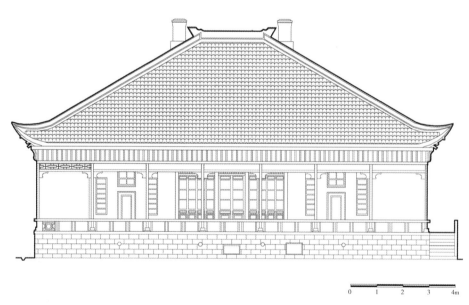

图3-5　方言学堂正立面图

070

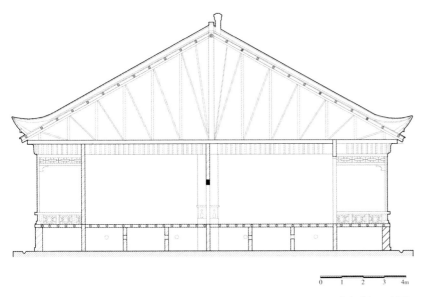

0　1　2　3　4m

图3-6　方言学堂1-1剖面图

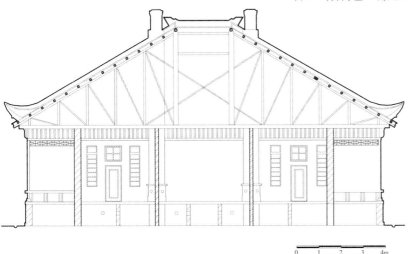

0　1　2　3　4m

图3-7　方言学堂2-2剖面图

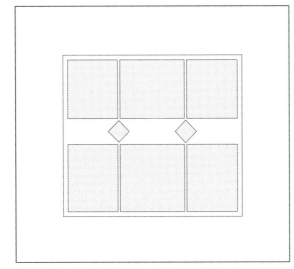

图3-8　单元与统一

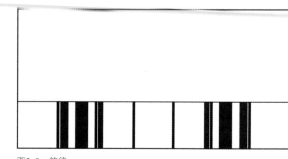

图3-9 韵律

072

对称与均衡

对称与均衡

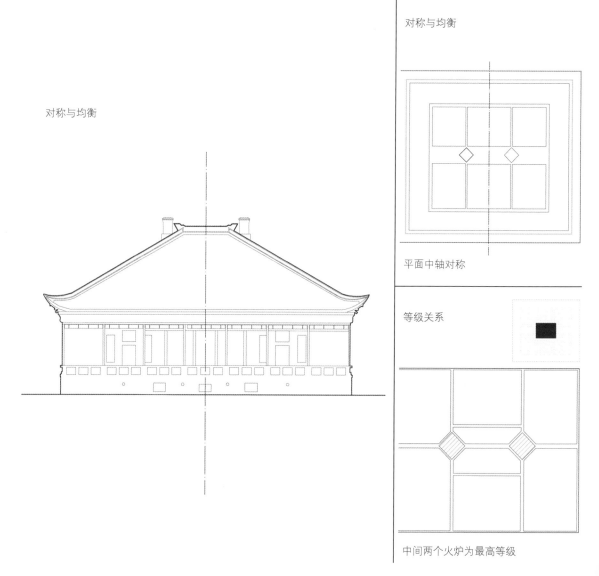

平面中轴对称

等级关系

中间两个火炉为最高等级

图3-10 对称与均衡、等级关系

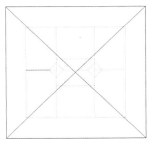
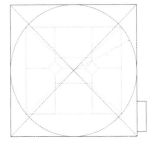

通过圆形与方形切割出房间与火炉

图3-11　几何关系

灰空间
　剖面灰空间

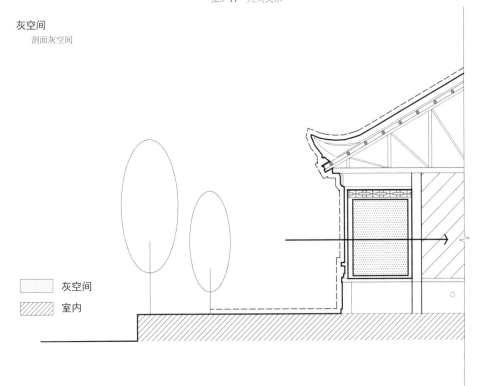

灰空间
室内

灰空间
　平面灰空间

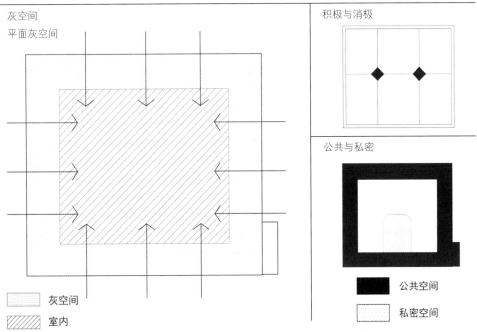

灰空间
室内

积极与消极

公共与私密

公共空间
私密空间

图3-12　灰空间、积极与消极、公共与私密

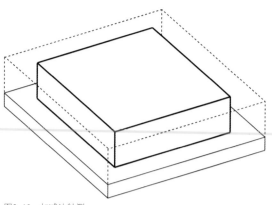

图3-13　加减法轴测

流线分析

流线简洁、明确，从外廊可以到达建筑各个房间

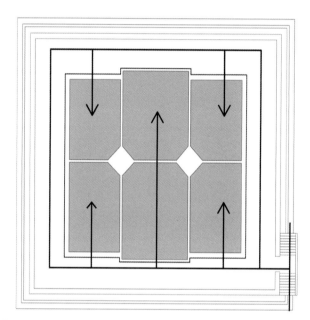

　功能区块

——→　流线

流线分析

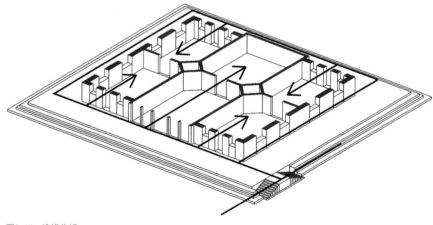

图3-14　流线分析

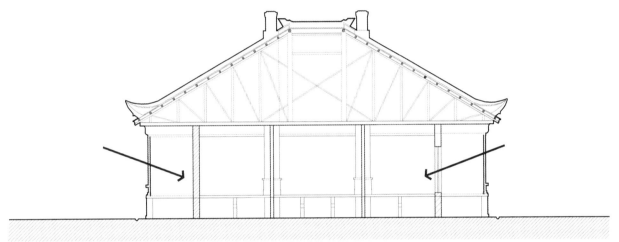

图3-15 采光分析

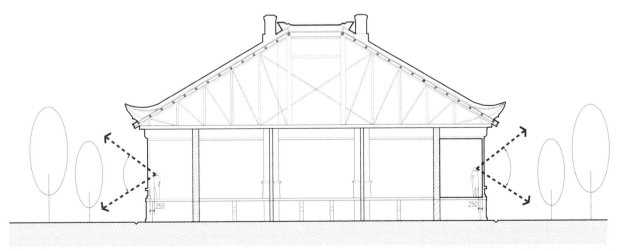

图3-16 最佳视线分析

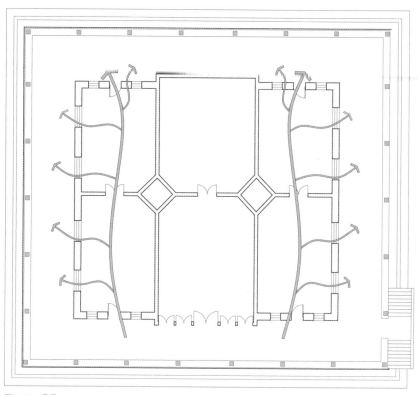

图3-17　通风

入口分析

服务与被服务

重复与变化

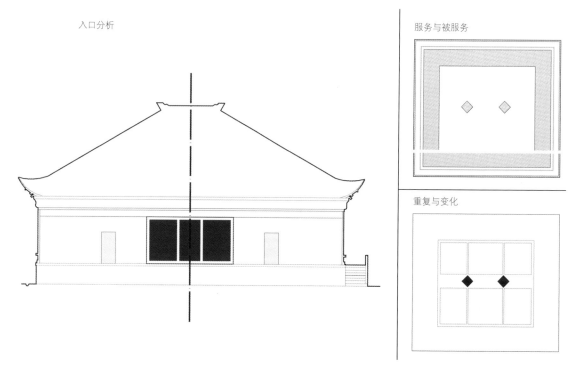

图3-18　入口分析、服务与被服务、重复与变化

04
第四章

078

第四章 博学中学

武汉博学中学旧址坐落于湖北省武汉市硚口区解放大道347号，即今武汉四中·博学中学校园内。这座有近百年历史的校园内至今完好保存了沧桑古朴的原貌，承载了西式宗教教育从初级向高级发展的历程信息，也见证了中国近代教育的变迁。1993年7月28日，武汉市政府公布"博学中学教堂"为武汉市优秀历史建筑，并于2011年被公布为武汉市文物保护单位。

第一节　历史沿革

博学中学历史沿革

时　间	事　件
光绪二十二年（1896年）	杨格非在花楼总堂旁边一个茶箱厂的旧址上，创立博学书院，英文校名为"Griffith John College"，又名"杨格非学院"。
1907年	杨格非和马辅仁从古田地区韩家墩一个小官吏李学成那里购得 16.4hm² 菜地，开始筹划建设新校舍。
1908年	总堂建成，博学书院由花楼街迁至今址，仍称"博学书院"。 图4-1　博学书院老照片（来源《大武汉旧影》）
1924年	圣公会与伦敦会、循道会等英美教会将文华书院、博文书院大学部、博学书院大学部合并，联合组成"华中大学"。华中大学是一所英美式的综合性大学，它的建立标志着西方教会学校进入鼎盛时期。
1928年	中华民国教育局决定收回博学书院教育主权，由中华基督会接收、改组。经改组后，单设初中，更名为"私立汉口博学初级中学"。
1938年春	遵从政府抗战计划，博学书院全部校舍被拨作难童慈幼院及难民收容所使用。
1938年秋	南京失陷，武汉危急，博学中学与懿训女中随政府西迁至四川江津县，以火神庙为临时校址。原校址被日寇汉奸盘踞，开办所谓的建国学院，日寇投降后改设军医院。
1946年8月	校方从四川迁回现址恢复办校。然而当时的校舍已经遭到日寇严重破坏，学校四周筑有四个大碉堡；仪器、图书、桌椅等已荡然无存。师生员工筚路蓝缕重新建设。  图4-2　博学书院老照片（来源《大武汉旧影》）

续表

时 间	事 件
1952 年 8 月	武汉市文教局派接管工作组,正式接管私立汉口博学中学,改校名为武汉市第四中学,不久,将校门改向解放大道。
1954 年	武汉市教育局拨款新建教学大楼。
1957 年	武汉四中成为武汉市重点中学。
1993 年 7 月 28 日	武汉市政府公布"博学中学"为武汉市首批优秀历史建筑,实施二级保护。
2009 年 7 月	武汉市人民政府应袁隆平院士及广大老校友的要求,将武汉四中更名为"武汉四中·博学中学"。
2011 年 3 月 21 日	博学中学旧址被公布为武汉市第五批文物保护单位。

第二节 建筑概览

现存的博学中学遗址仅有总堂和教堂建筑。总堂建成于1908年,属古典主义风格建筑,主体为两层砖木结构,局部五层。主立面中轴对称,且为纵向五段式布局,门窗均为长条形尖券。坡屋顶组合丰富且有层次感,与高耸的塔楼相得益彰。1924 年,当时的博学书院在校园内总堂的西南侧扩建了一幢附属教堂,由陈松记营造厂施工,建筑风格属于典型的英国哥特样式,采用清水灰砖墙面,底部红色砂岩砌块勒脚。墙面用壁柱划分,柱间有尖券窗,窗棂由许多曲线组成生动的图案。装饰手法上运用简洁而有节奏感的曲线条,使得其小巧轻盈的体形在展现了古典美的同时,也丰富了建筑的韵律感。平面布局呈拉丁十字型,十字底部为入口,堂内祭坛设在十字的顶端。立面构图其向上的动势十分强烈,轻灵的垂直线直贯全身。不论是墙和塔都是越往上,分划越细,装饰越多,也越玲珑,而且顶上都有锋利的、直刺苍穹的小尖顶。不仅塔顶是尖的,而且建筑局部和细节的上端也都是尖的,整个教堂处处充满向上的冲力。

博学中学照片详见图4-3至图4-7所示。

图4-3 教堂透视图

图4-4　北立面实景图

图4-5　东立面实景图

图4-6 南立面实景图

图4-7 西立面实景图

第三节　技术图则

　　依据建筑实测图纸，部分辅以三维建模，用技术图则方式解析武汉博学中学建筑的环境布局、平面布置、功能流线、围护结构、采光及通风等规划建筑诸元素。武汉博学中学技术图则详见图4-8至图4-33所示。

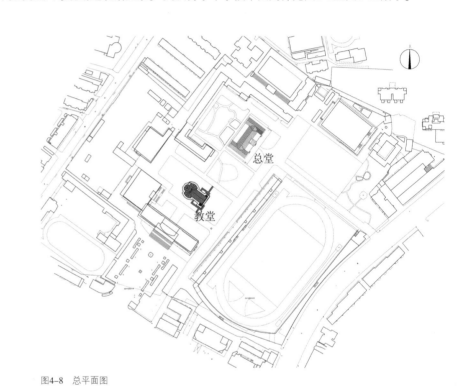

一、总堂

图4-8　总平面图

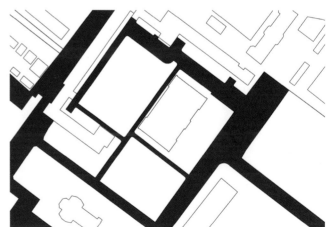

图4-9　图与底

图4-10　底与图

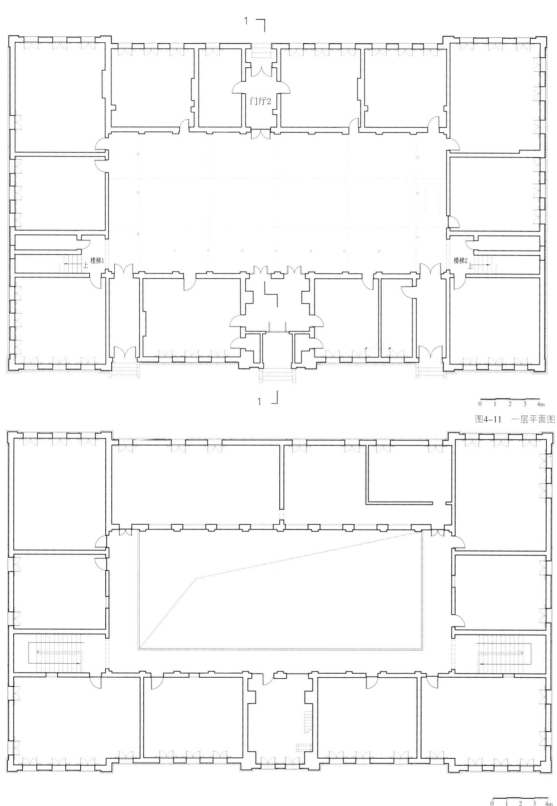

门厅2

楼梯1 上

楼梯2 上

0 1 2 3 4m

图4-11 一层平面图

0 1 2 3 4m

图4-12 二层平面图

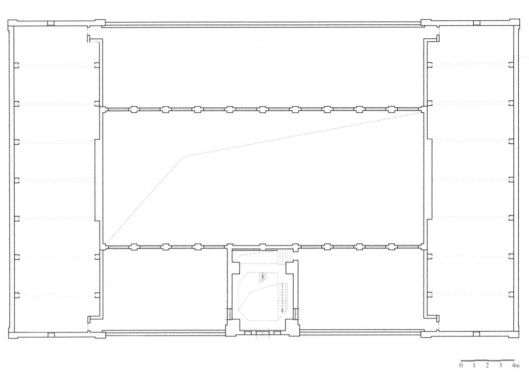

0 1 2 3 4m

图4-13　三层平面图

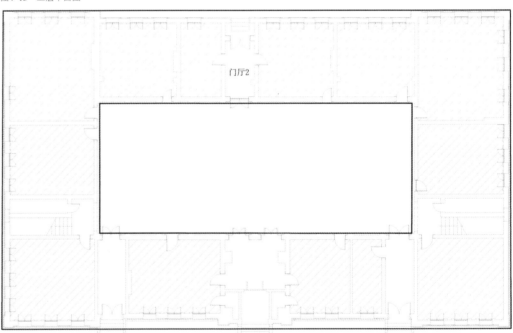

门厅2

▨ 私密空间

▢ 公共空间

图4-14　公共与私密

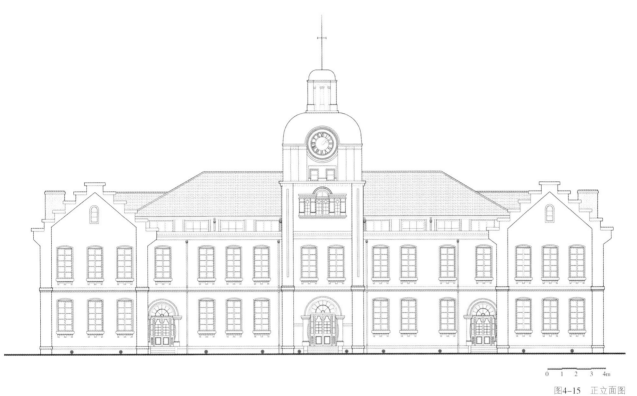

0 1 2 3 4m

图4-15 正立面图

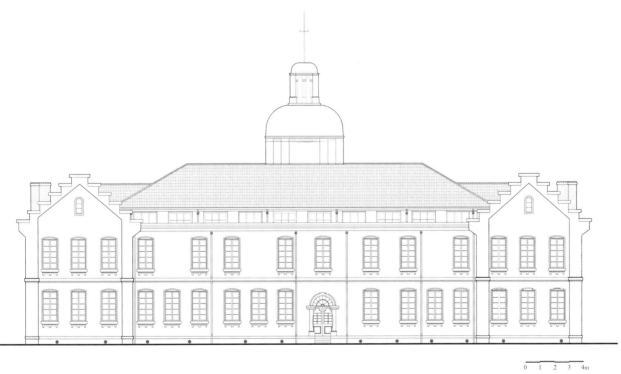

0 1 2 3 4m

图4-16 背立面图

086

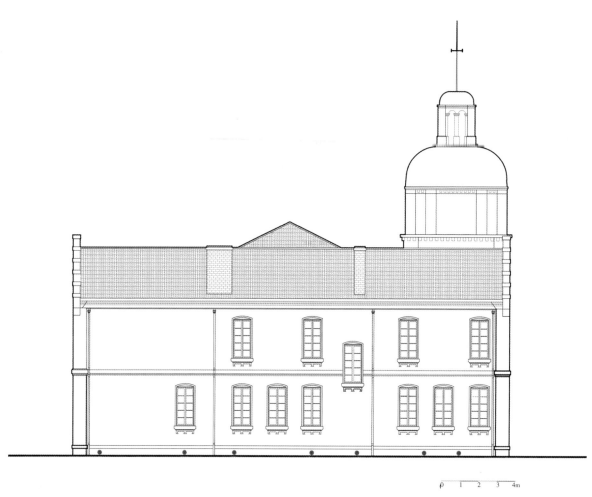

图4-17 侧立面图

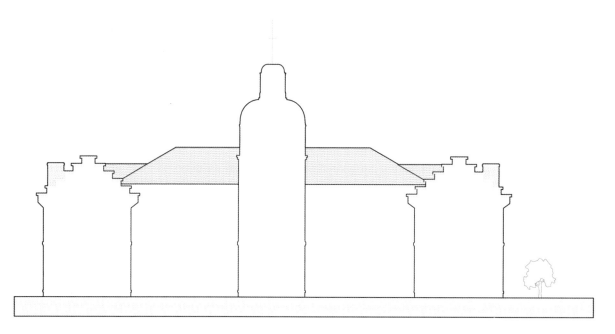

图4-18 体量

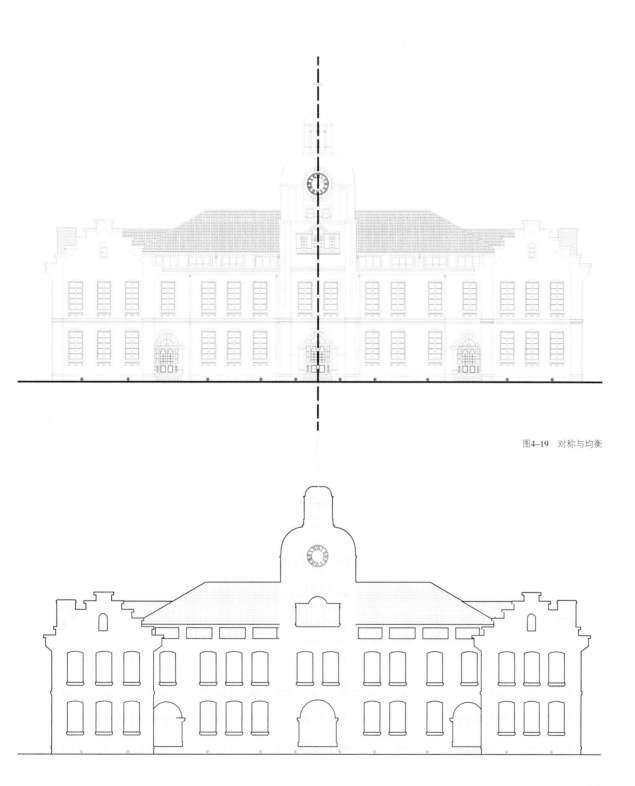

图4-19 对称与均衡

图4-20 韵律

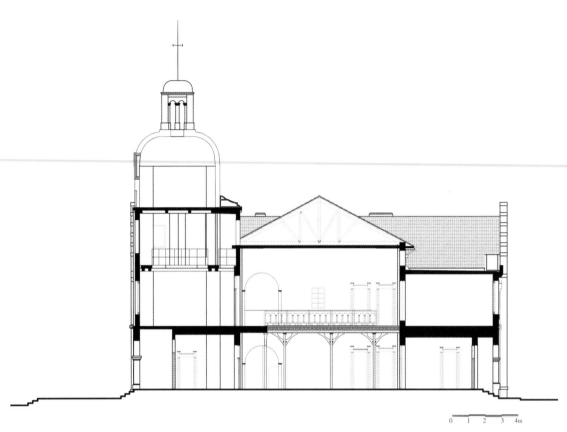

0 1 2 3 4m

图4-21 1-1剖面图

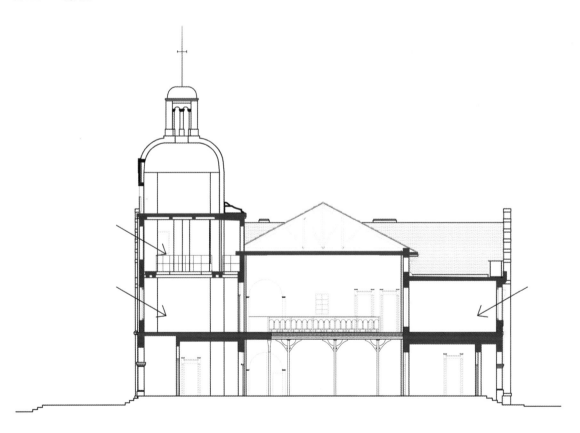

图4-22 采光分析

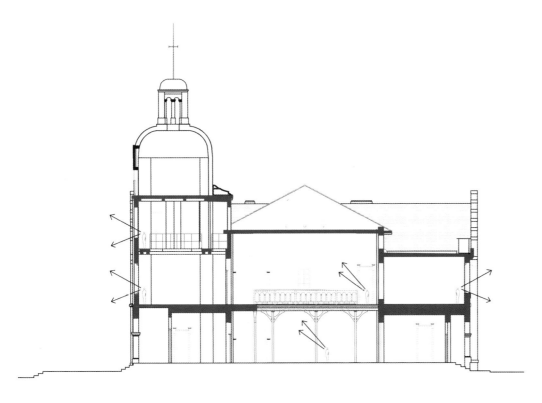

图4-23　视线分析

二、教堂

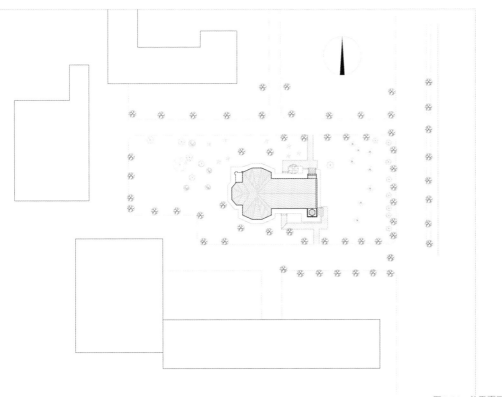

图4-24　总平面图

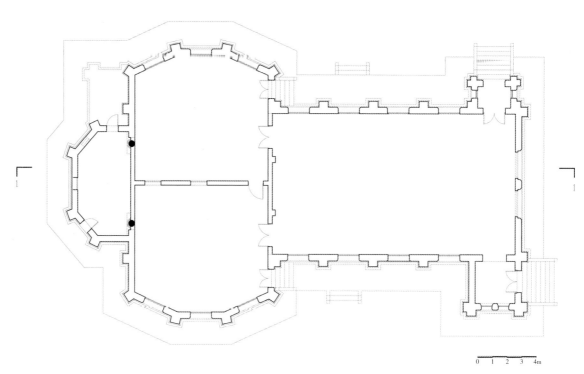

图4-25 一层平面图

图4-26 东立面图

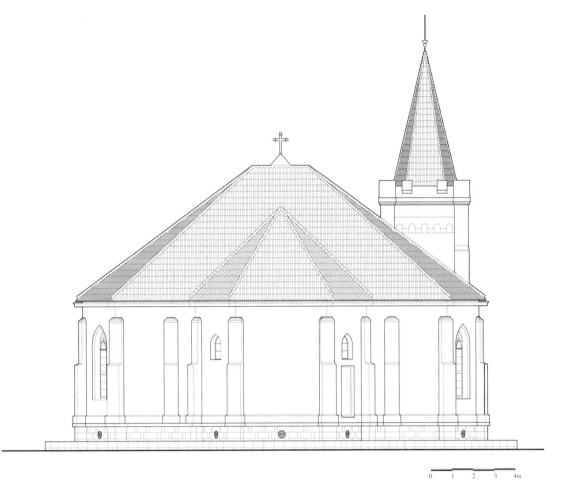

0 1 2 3 4m

图4-27　西立面图

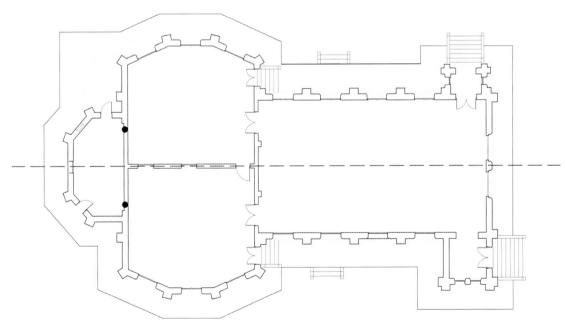

图4-28　对称与变化

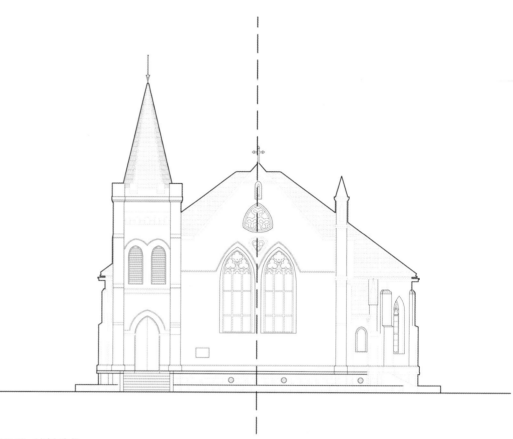

图4-29 对称与变化

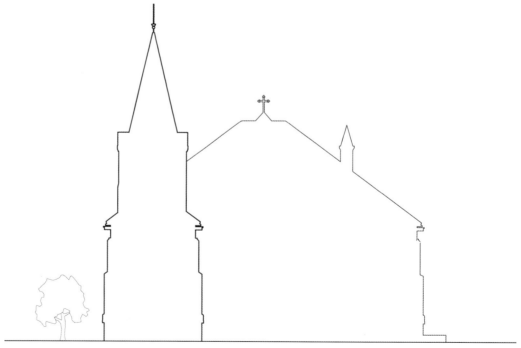

图4-30 体量

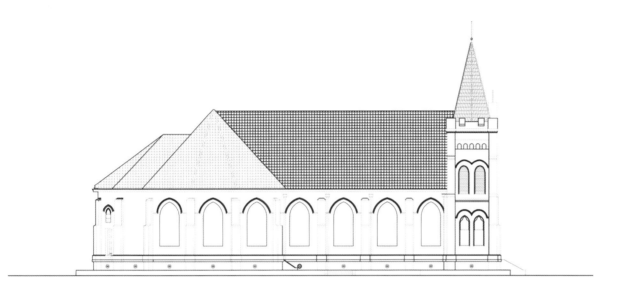

图4-31　韵律

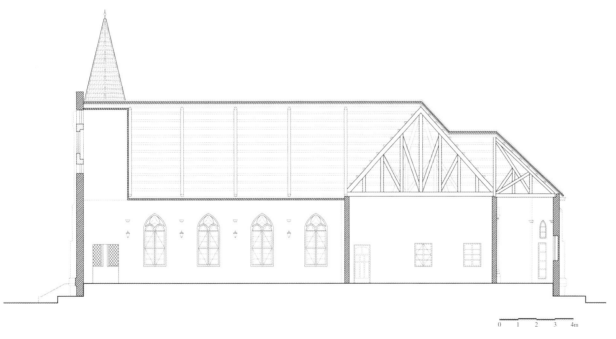

0　1　2　3　4m

图4-32　1-1剖面图

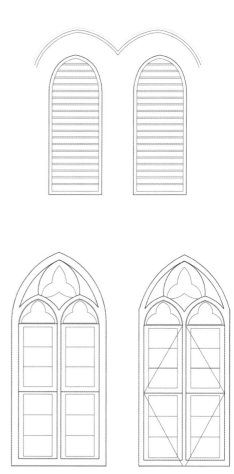

图4-33 窗大样图

05

第五章 北路高等小学堂

北路高等小学堂是在清光绪末年（1904年）由湖广总督张之洞创办的，1927年其校址被作为武昌中央农民运动讲习所使用。该建筑群总建筑面积为7484.74m²，建筑多沿用中国传统建筑元素，采用砖木结构及四坡屋顶样式，整体风格古朴大气。该建筑群于2010年被公布为全国重点文物保护单位，现地址位于武汉市武昌区红巷13号。

第一节　历史沿革

北路高等小学堂历史沿革

时 间	事 件
1904年	张之洞创办北路高等小学堂。
1911年之后（具体时间不详）	北路高等小学堂分别改名为甲种商业学校和高等商业学校。
1926年10月	高等商业学校并入武昌中山大学。
1926年11月	时任中共中央农民运动委员会书记的毛泽东同志提出在武昌开办中央农民运动讲习所，商榷后决定以当时仍叫作高等商业学校的原北路高等小学堂校址作为讲习所所址。
1927年3月	原为北路高等小学堂的武昌中央农民运动讲习所正式开课。图5-1　武昌中央农民运动讲习所大门老照片（来源《大武汉旧影》）
1927年6月18日	武昌中央农民运动讲习所（原北路高等小学堂）举行毕业典礼，同年停止办学。
1958年	武汉市对武昌中央农民运动讲习所（原北路高等小学堂）旧址进行了修缮，按当年原貌作复原陈列，筹建纪念馆，馆名由周恩来总理亲笔题写。
1963年	毛泽东同志在武昌主办的中央农民运动讲习所（原北路高等小学堂）旧址纪念馆正式开放。武汉市博物馆现设于此。

第二节　建筑概览

　　北路高等小学堂建筑群中1、2、4号楼（建筑编号详见第三节"技术图则"）属于学宫式风格建筑，3号楼为中西合璧式两层建筑。历经数次改名后，曾于1927年作为武昌中央农民运动讲习所（全称国民党中央农民讲习所）使用（以下简称农讲所）。由主入口进入农讲所，第一栋为农讲所总队部、常委办公室、教务处、庶务处、总务处、医务室等用房；第二栋为学生教室，1、2号楼之间设有连廊；第三栋为学生宿舍，砖石结构；第四栋为学生膳堂，前檐及两侧为外廊，3、4号楼之间以穿廊过道相连。农讲所（原北路高等小学堂）照片详见图5-2至图5-8所示。

图5-2　1号楼实景图

图5-3　2号楼实景图

图5-4　3号楼实景图

图5-5　3、4号楼连廊处实景图

图5-6　主席台实景图

图5-7　围廊透视图

5-8　细节实景组图

第三节　技术图则

　　依据建筑实测图纸，部分辅以三维建模，用技术图则方式解析北路学堂建筑的环境布局、平面布置、功能流线、围护结构、采光及通风等规划建筑诸元素。北路学堂技术图则详见图5-9至图5-52所示。

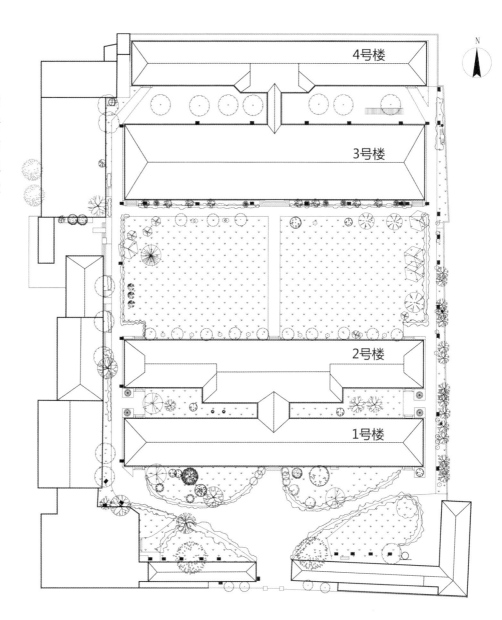

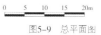

图5-9　总平面图

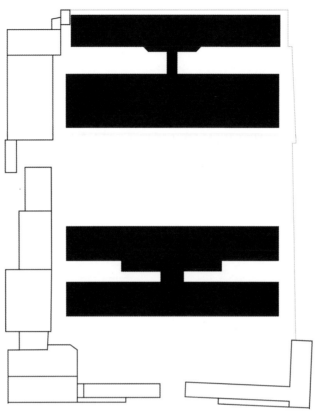

图5-10 总平面等级关系

◆ 图5-10：对于院落式建筑群体而言，等级、次序、对称及均衡不仅是总平面布局的常用原则，同时也是建筑空间塑造的重要手法。

一、1、2号楼

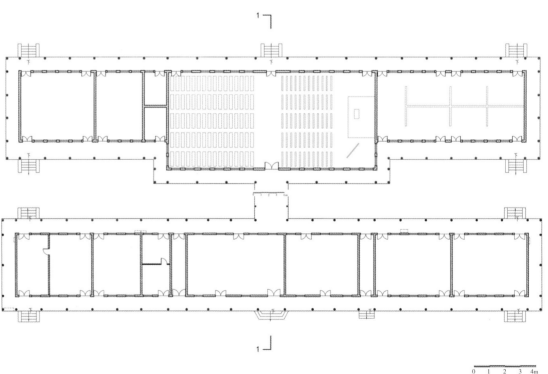

图5-11 1、2号楼一层平面图

0 1 2 3 4m

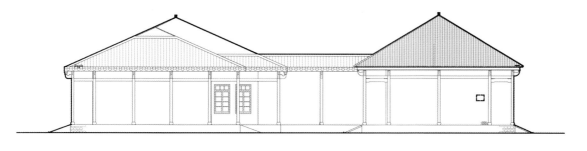

0　1　2　3　4m

图5-12　1、2号楼西立面图

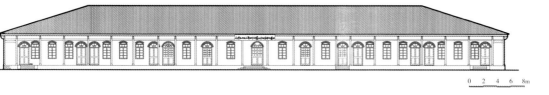

0　2　4　6　8m

图5-13　1号楼正立面图

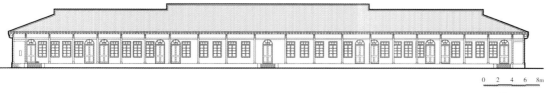

0　2　4　6　8m

图5-14　2号楼正立面图

0　2　4　6　8m

图5-15　2号楼背立面图

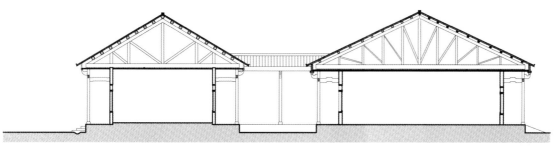

0　1　2　3　4m

图5-16　1、2号楼1-1剖面图

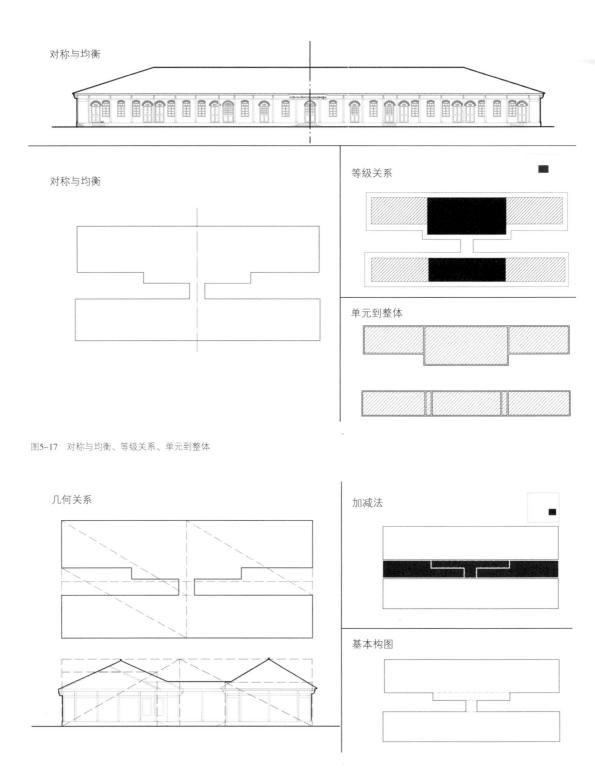

对称与均衡

对称与均衡

等级关系

单元到整体

图5-17　对称与均衡、等级关系、单元到整体

几何关系

加减法

基本构图

图5-18　几何关系、加减法、基本构图

灰空间

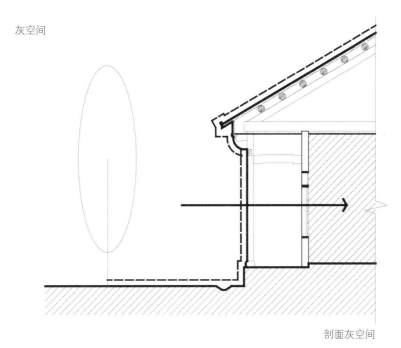

剖面灰空间

灰空间

积极与消极

服务与被服务

平面灰空间

▨ 灰空间

▨ 室内

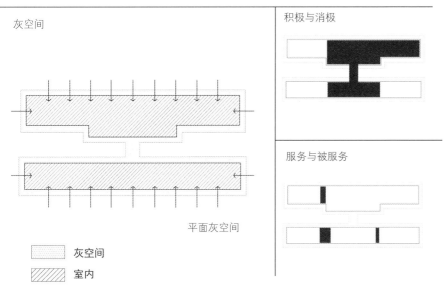

图5-19　灰空间、积极与消极、服务与被服务

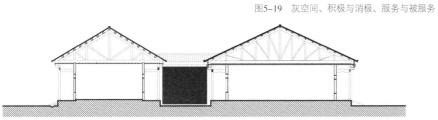

图5-20　公共与私密

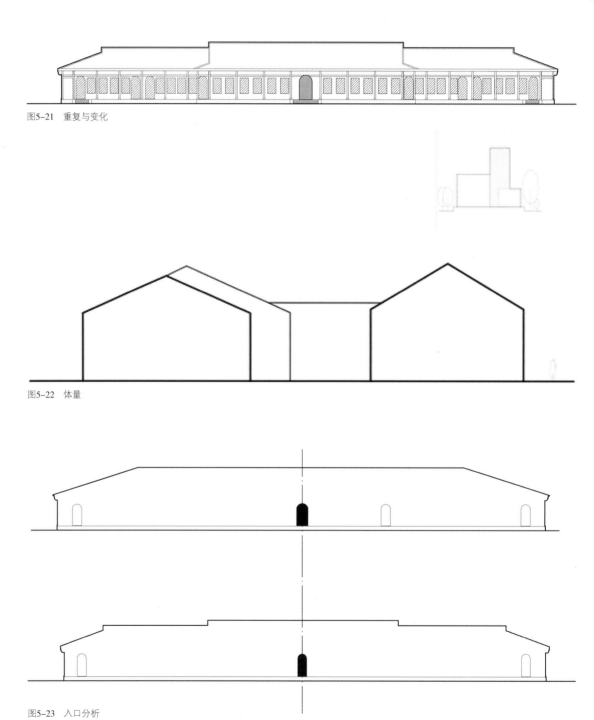

图5-21 重复与变化

图5-22 体量

图5-23 入口分析

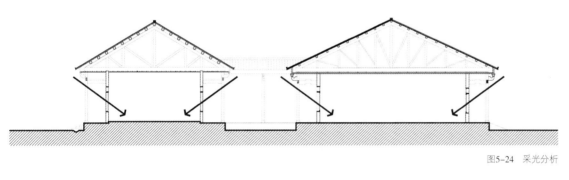

图5-24　采光分析

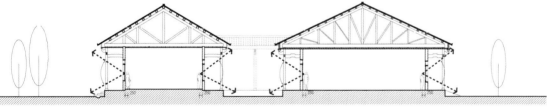

图5-25　最佳视线分析

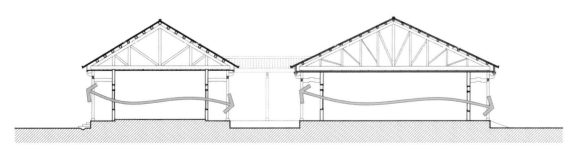

图5-26　通风

二、3、4号楼

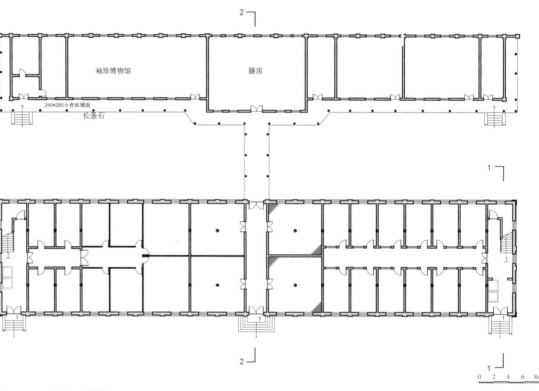

图5-27　3、4号楼一层平面图

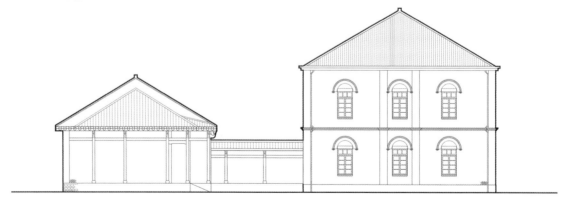

图5-28　3、4号楼西立面图

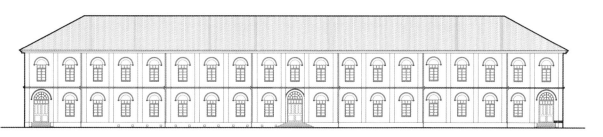

0　2　4　6　8m

图5-29　3号楼正立面图

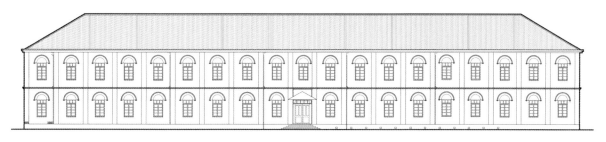

0　2　4　6　8m

图5-30　3号楼背立面图

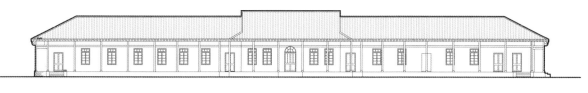

0　2　4　6　8m

图5-31　4号楼正立面图

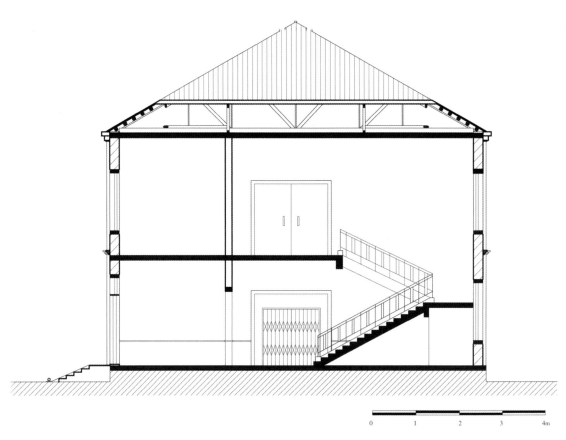

图5-32　3号楼1-1剖面图

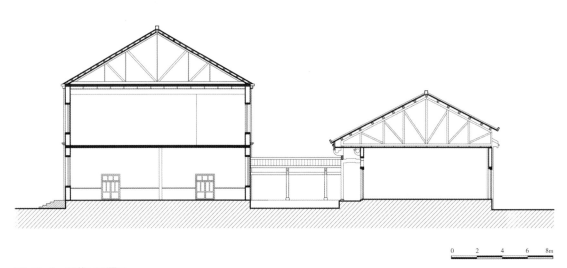

图5-33　3、4号楼2-2剖面图

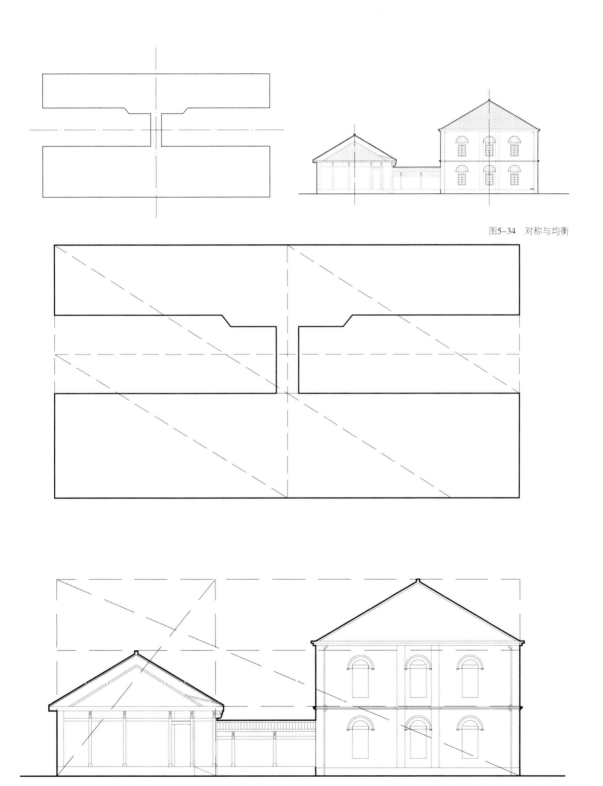

图5-34　对称与均衡

图5-35　几何关系

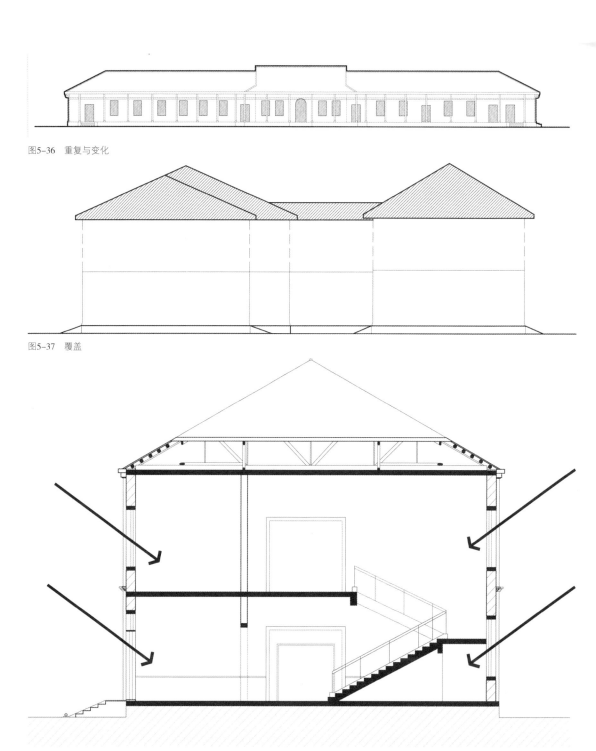

图5-36 重复与变化

图5-37 覆盖

图5-38 采光分析

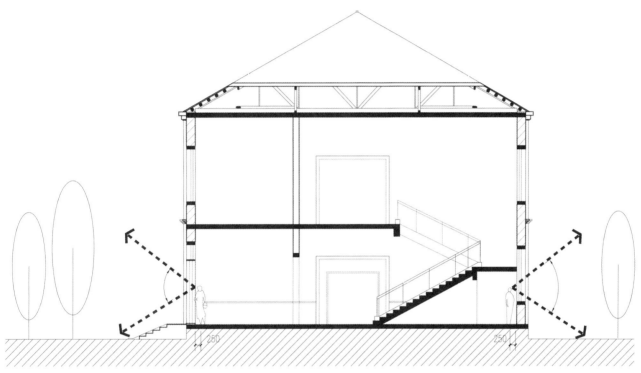

图5-39　最佳视线分析

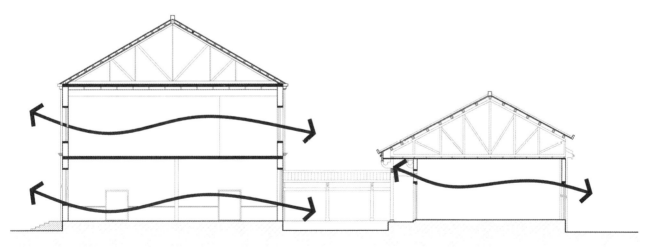

图5-40　通风

三、其他

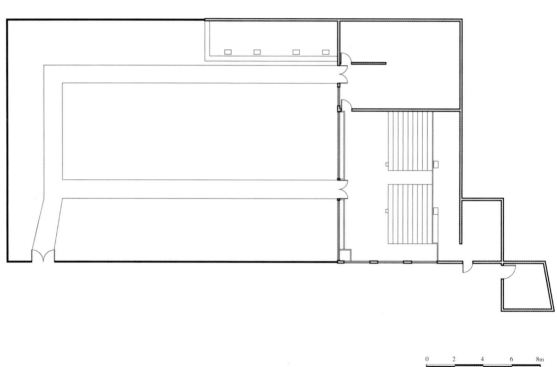

0　2　4　6　8m

图5-41　花房平面图

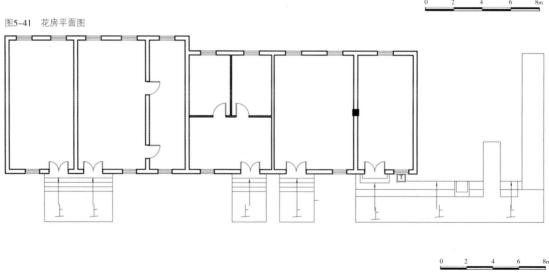

0　2　4　6　8m

图5-42　西侧办公室平面图

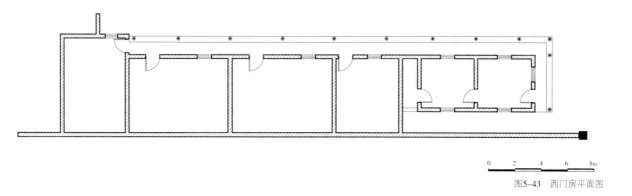

0　　2　　4　　6　　8m

图5-43　西门房平面图

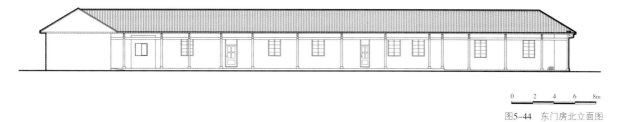

0　　2　　4　　6　　8m

图5-44　东门房北立面图

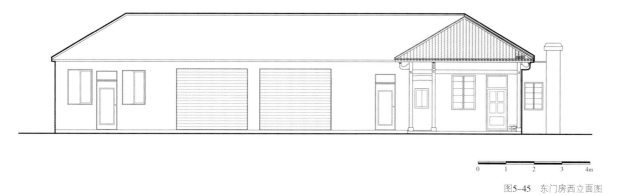

0　　1　　2　　3　　4m

图5-45　东门房西立面图

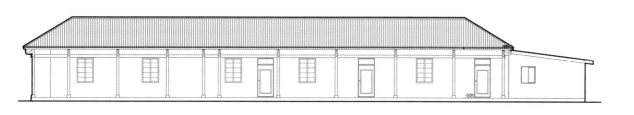

0　　2　　4　　6　　8m

图5-46　西门房北立面图

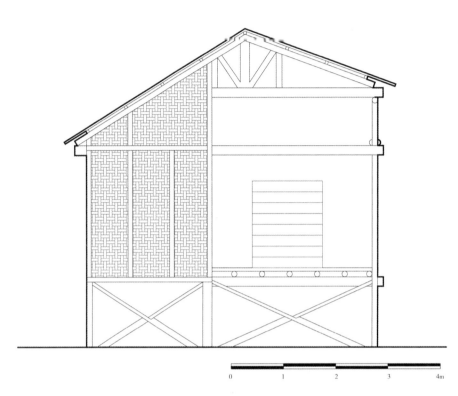

0 1 2 3 4m

图5-47 主席台南立面图

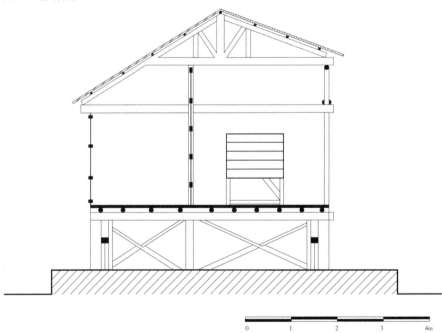

0 1 2 3 4m

图5-48 主席台剖面图

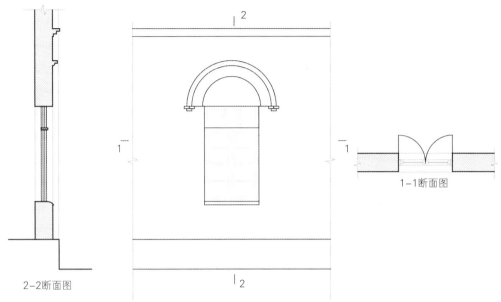

2-2断面图

1-1断面图

图5-49　窗大样图（1）

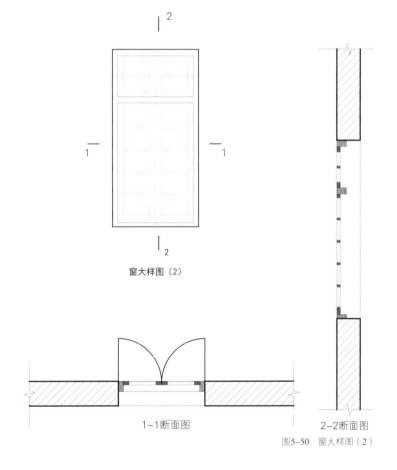

窗大样图（2）

1-1断面图

2-2断面图

图5-50　窗大样图（2）

118

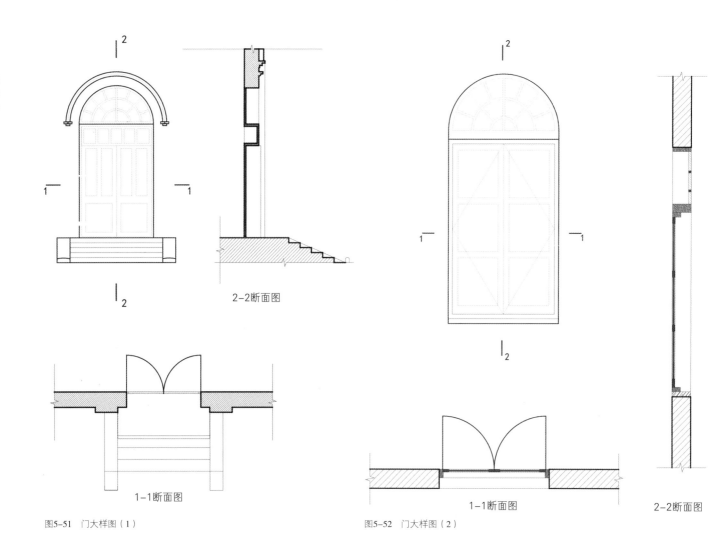

2-2断面图

1-1断面图

图5-51 门大样图（1）

2-2断面图

1-1断面图

图5-52 门大样图（2）

06

第六章

第六章 国立武昌高等师范学校附属小学

曾作为中国共产党第五次全国代表大会会址使用的国立武昌高等师范学校附属小学（以下简称"武昌高师附小"）位于湖北省武汉市武昌区都府堤街20号。武昌高师附小建成于1913年，1921年陈潭秋、董必武等人选定武昌高师附小为湖北革命活动集会地。新中国成立后，高师附小由武昌区教育局管理，也曾作为湖北省财经干部学校、湖北武昌水利学校、江汉大学武昌分校、武汉潭秋中学校舍使用过。1956年，湖北省人民政府将此学校公布为湖北省文物保护单位。

第一节　历史沿革

武昌高师附小历史沿革

时　间	事　件
1913年	辛亥革命后，北洋政府以方言学堂为基础，建立国立武昌高等师范学校。
1918年	国立武昌高等师范学校创办武昌高师附小。 图6-1　武昌高师附小大门老照片（图片来源《大武汉旧影》）
1922年起	湖北地区共产党组织负责人陈潭秋曾两度在武昌高师附小内居住，表面是任教，实则暗中从事革命活动。
1927年4月27日	中国共产党第五次全国代表大会开幕式在校园内的风雨操场举行；同年，武昌高师附小改名为"武昌第一小学"。
1927年5月10日	中国共产党青年团第四次全国代表大会在此召开。
1956年	湖北省人民政府将此学校公布为湖北省文物保护单位，并作为中共五大纪念馆使用。
1983年	湖北省、武汉市对其拨专款修缮，并在其二楼建立"陈潭秋烈士纪念馆"，复原"陈潭秋卧室"，布置"中共五大史料陈列室"。
2006年10月	湖北省、武汉市根据中央领导同志和中央党史研究室的建议开始筹建中共五大会址纪念馆。
2007年11月	纪念馆建成开放。
2013年	中国共产党第五次全国代表大会旧址入选全国重点文物保护单位。

第二节 建筑概览

　　武昌高师附小由一层和两层的砖木结构建筑组成，建成于1913年，建筑沿都府堤街道呈折线一字形布局。总面宽约为90m，进深约为8m，建筑面积1198.82m²。经历了90年的历史变迁，学校的原建筑还大致保存完好。该建筑的门楼为两层，入口为半圆形拱门，拱门上方，有一圆形窗口，与拱门相互搭配十分协调。屋顶的最高处有缀带花饰，使整个建筑形象更显生动。临街的墙面为假麻石粉墙，第二层的两侧有阳台，并建有女儿墙。门楼的内侧，白墙红柱的强烈色彩对比，给人视觉的享受。其他建筑皆为一层，且全是青砖清水的外墙，内廊的木柱全为大红色，与门楼内侧的色彩十分统一。武昌高师附小照片详见图6-2至图6-12所示。

图6-2　鸟瞰图

图6-3　2号楼局部透视图

图6-4　2号楼立面实景图

图6-5　2号楼立面实景图

图6-6　2号楼立面实景图

图6-7　2号楼立面实景图

图6-8　3号楼立面实景图

图6-9　局部庭院透视图

图6-10　5号楼立面实景图

图6-11　墀头

图6-12　景观亭

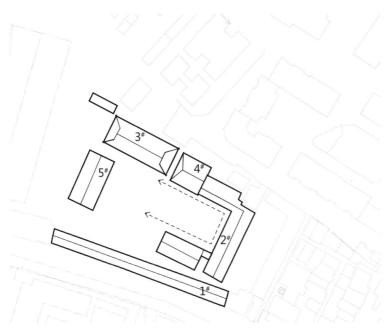

图6-13 U型院落

第三节　技术图则

依据建筑实测图纸，部分辅以三维建模，用技术图则方式解析武昌高师附小建筑的环境布局、平面布置、功能流线、围护结构、采光及通风等规划建筑诸元素。武昌高师附小技术图则详见图6-13至图6-57所示。

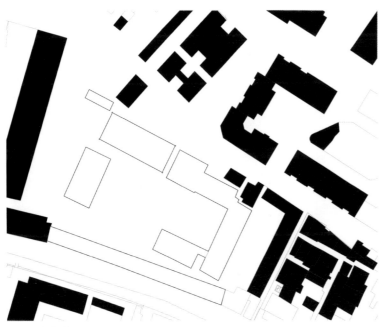

图6-14 图与底

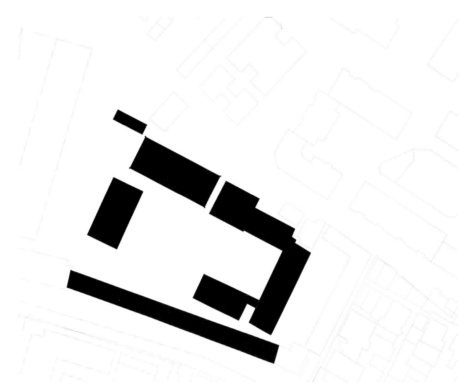

图6-15　底与图

一、1号楼

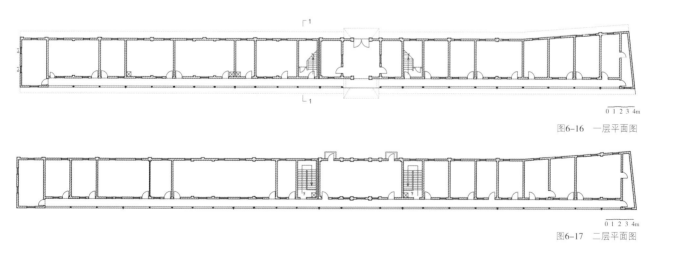

0 1 2 3 4m

图6-16　一层平面图

0 1 2 3 4m

图6-17　二层平面图

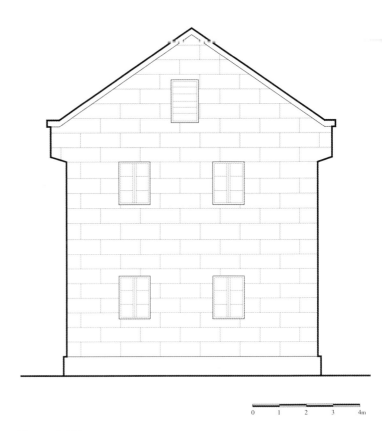

图6-18 立面图1

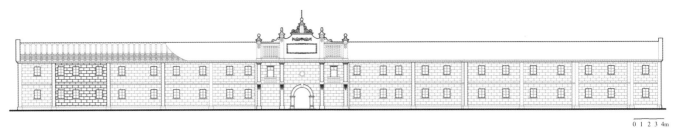

图6-19 立面图2

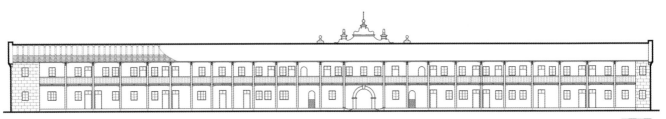

图6-20 立面图3

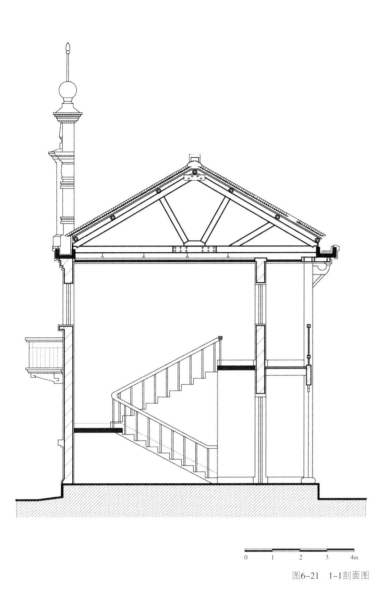

0 1 2 3 4m

图6-21　1-1剖面图

◆　图6-22，图6-23：小体量建筑中外廊（单走道）具有交通便利、采光通风良好之优势，但其交通面积比例较大、路线较长，不太适宜现今大体量、高层建筑使用。

公共与私密

基本构图

服务与被服务

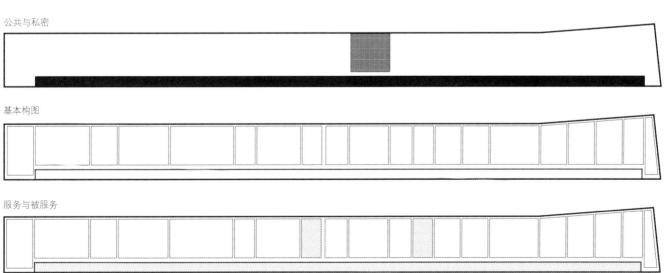

图6-22　基本构图、公共与私密、服务与被服务

流线分析

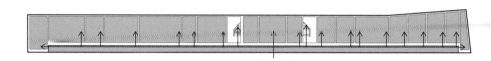

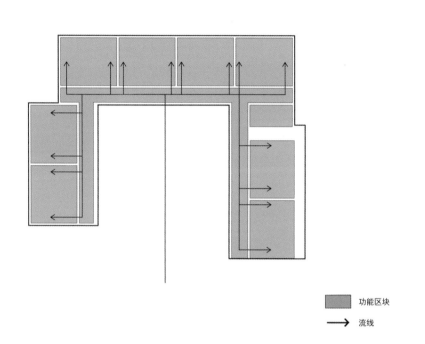

功能区块

→ 流线

图6-23 流线分析

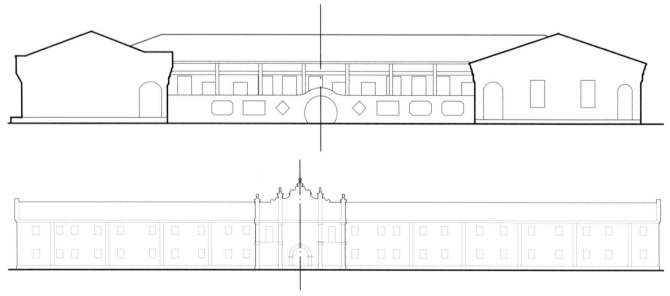

图6-24 对称与均衡

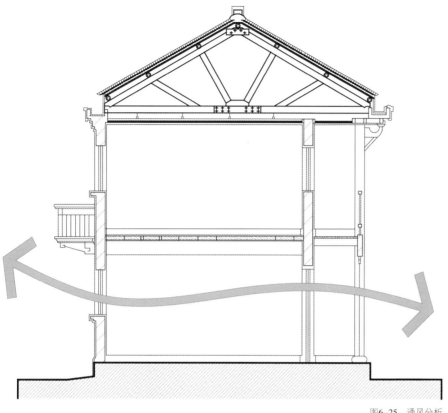

图6-25　通风分析

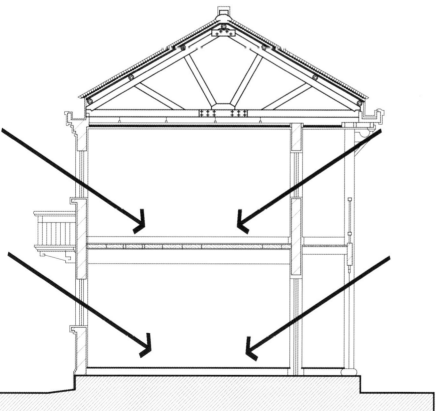

图6-26　采光分析

二、2号楼

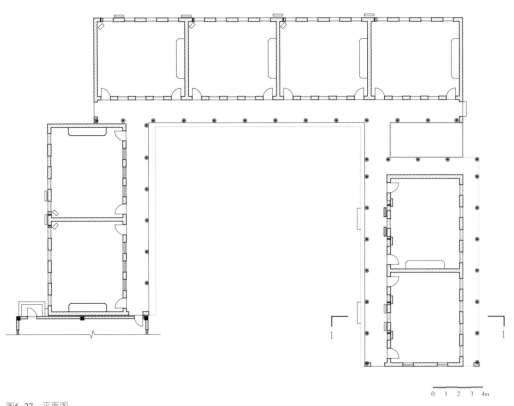

图6-27 平面图

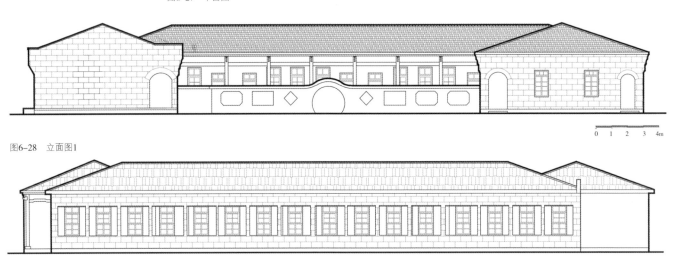

图6-28 立面图1

图6-29 立面图2

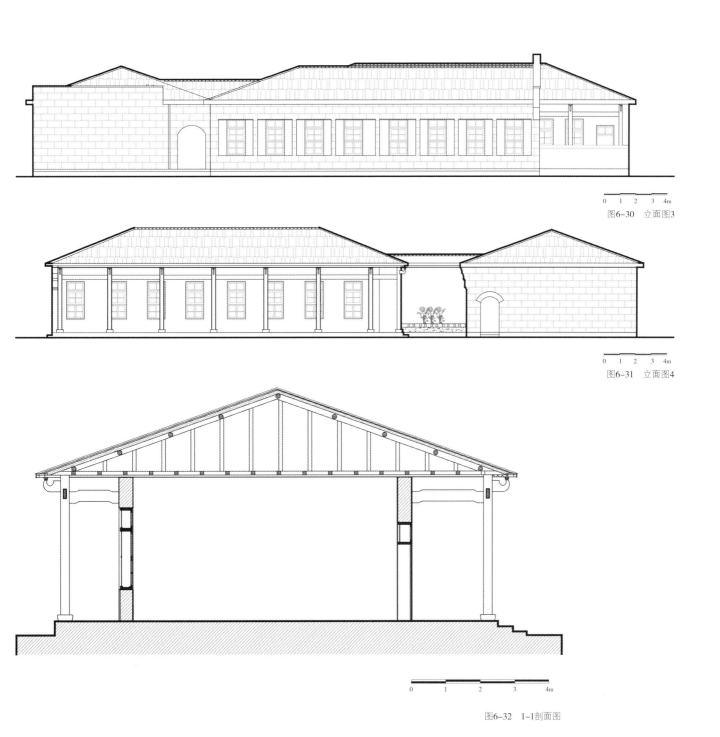

图6-30　立面图3

图6-31　立面图4

图6-32　1-1剖面图

三、3号楼

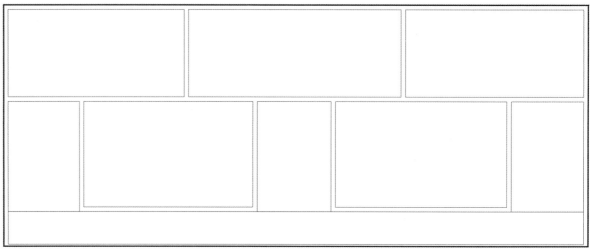

图6-33 基本构图

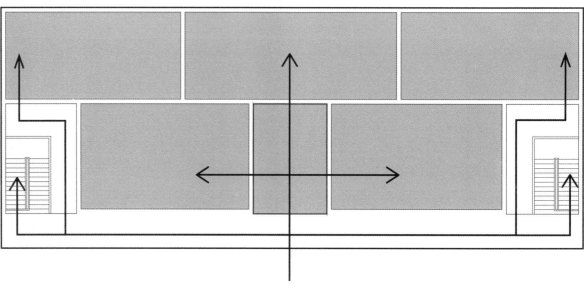

武汉
近代教育建筑

图6-34 流线分析

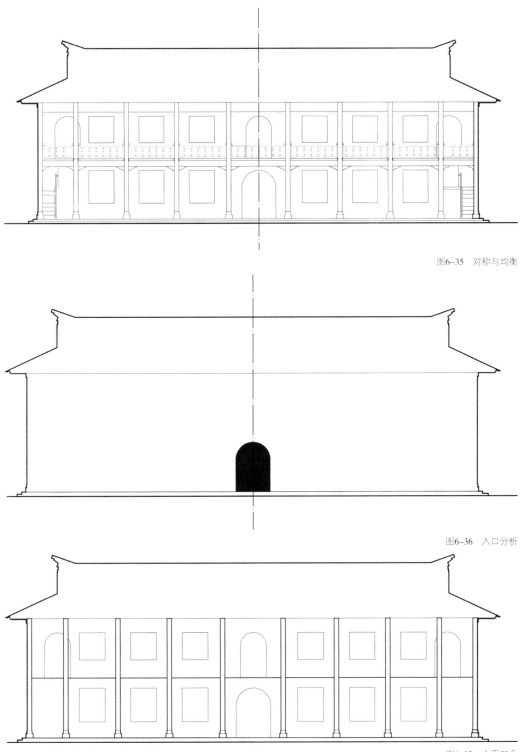

图6-35　对称与均衡

图6-36　入口分析

图6-37　立面凹凸

136

四、4号楼

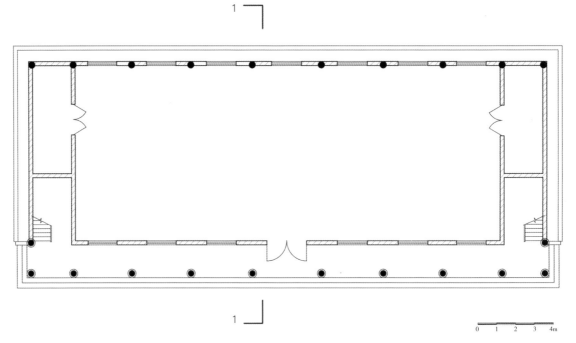

图6-38　一层平面图

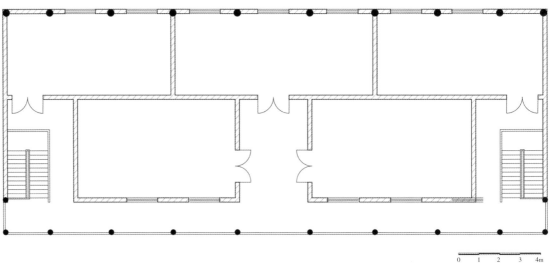

图6-39　二层平面图

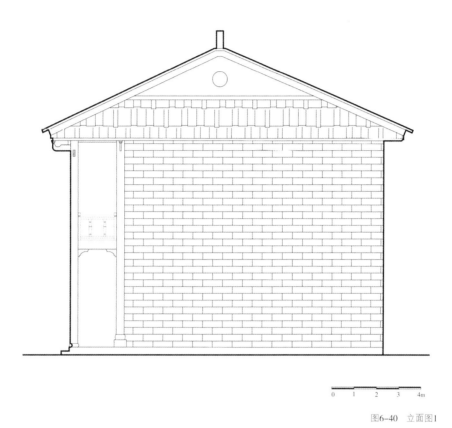

0　1　2　3　4m

图6-40　立面图1

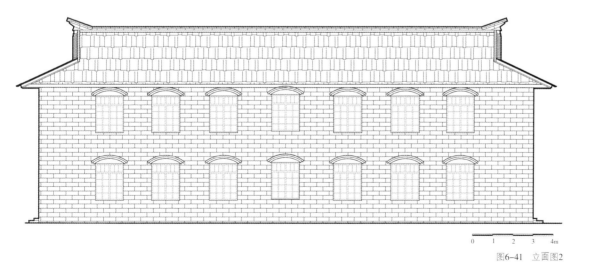

0　1　2　3　4m

图6-41　立面图2

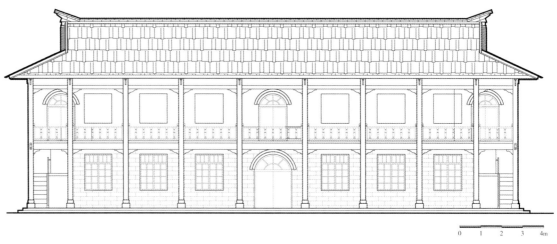

图6-42 立面图3

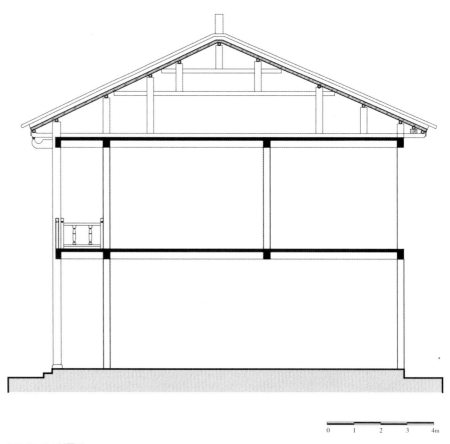

图6-43 1-1剖面图

五、5号楼

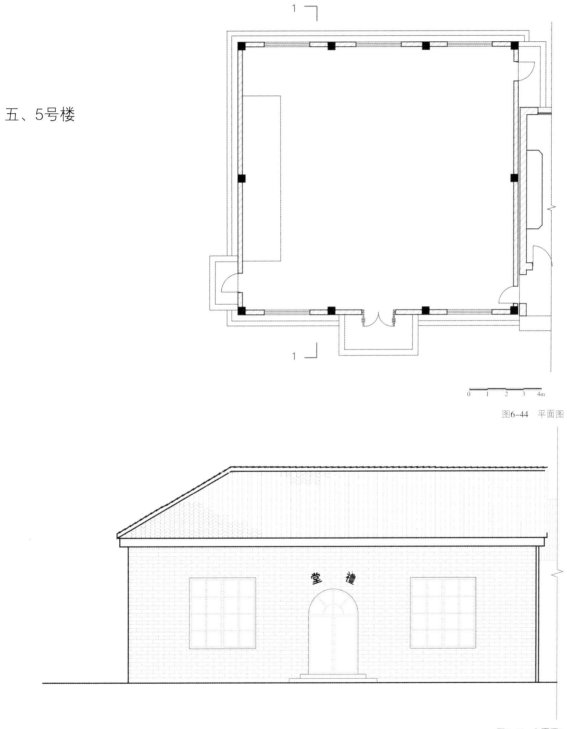

0　1　2　3　4m

图6-44　平面图

堂禮

图6-45　立面图1

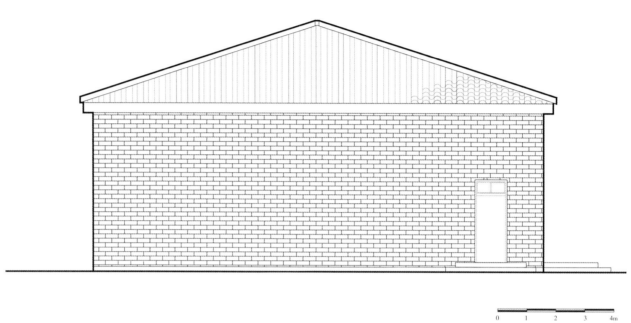

图6-46　立面图2

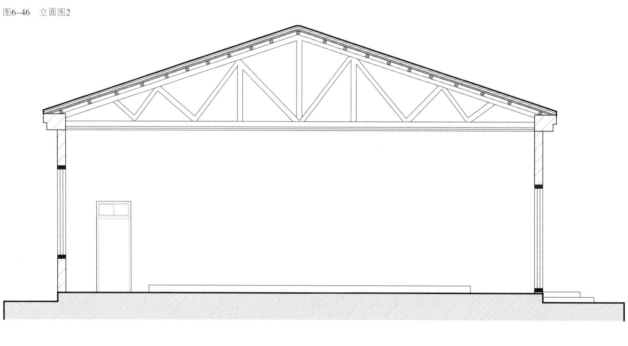

图6-47　1-1剖面图

六、6号楼

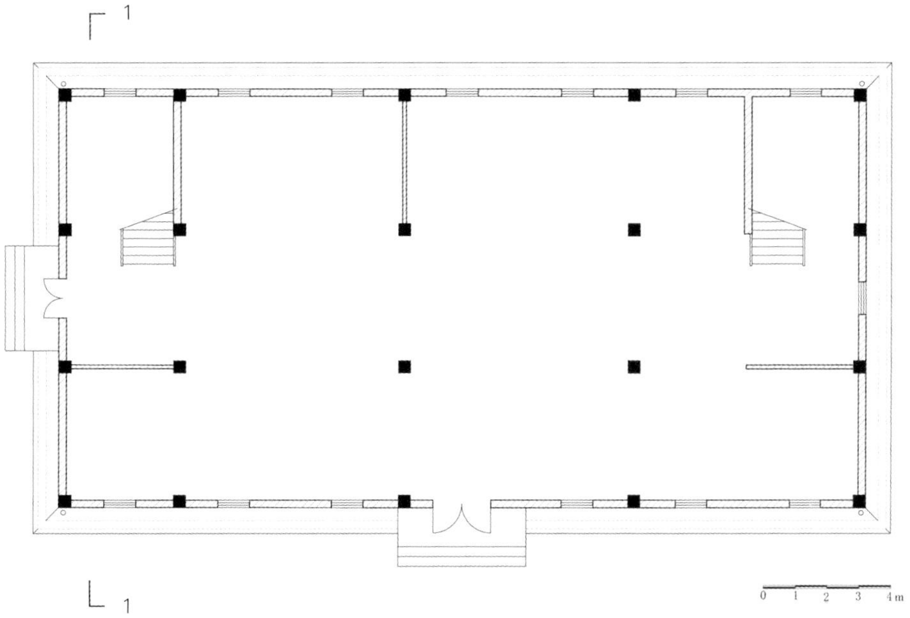

图6-48　一层平面图

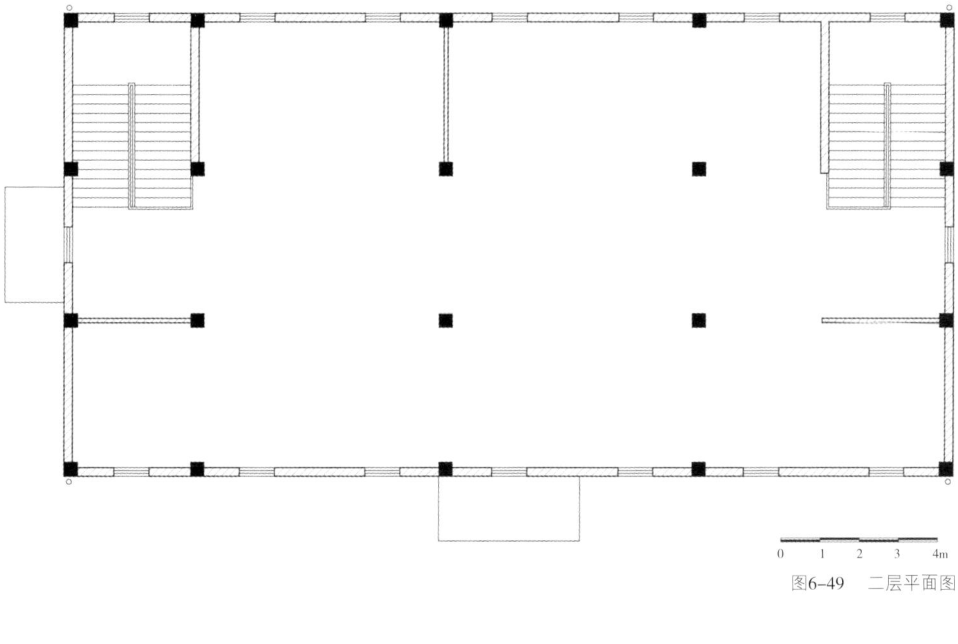

图6-49　二层平面图

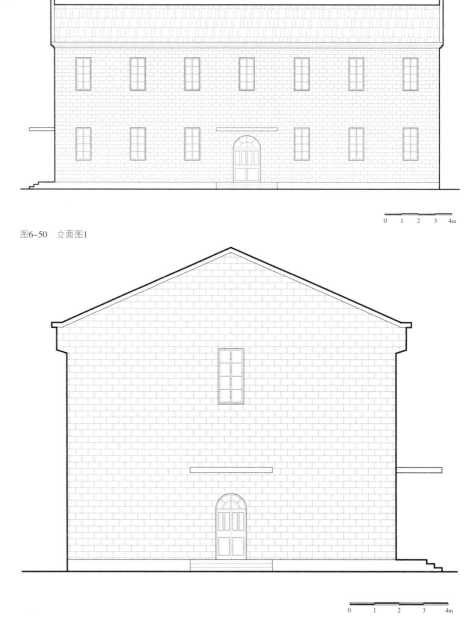

图6-50　立面图1

图6-51　立面图2

0　1　2　3　4m

0　1　2　3　4m

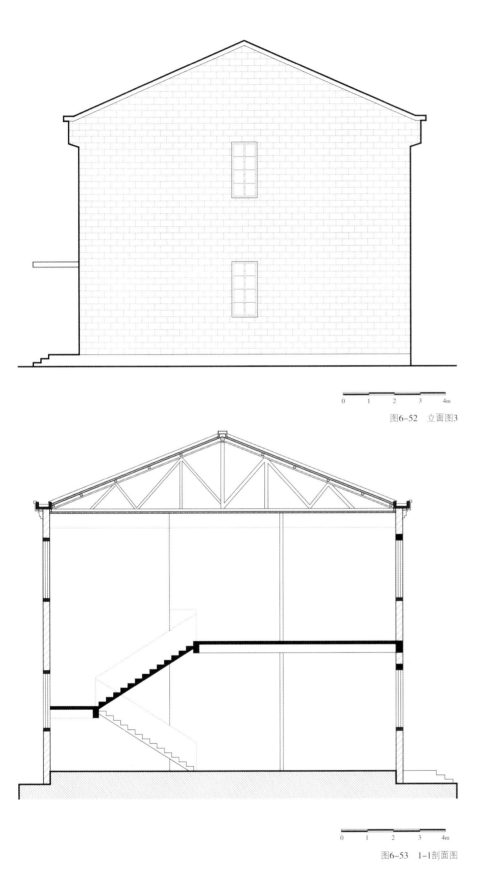

0 1 2 3 4m

图6-52 立面图3

0 1 2 3 4m

图6-53 1-1剖面图

流线分析

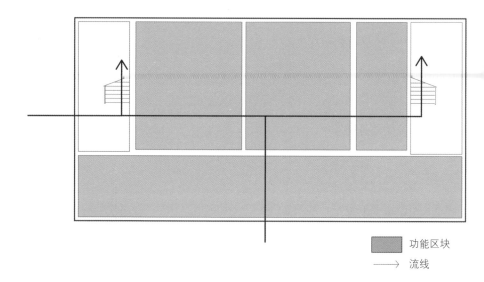

功能区块

——→ 流线

图6-54 流线分析

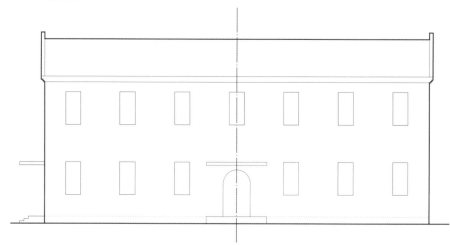

图6-55 对称与均衡

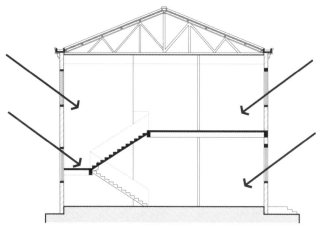

图6-56 采光分析

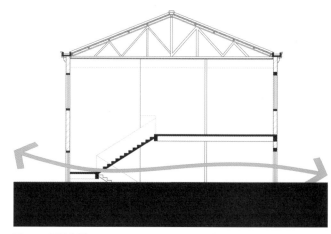

图6-57 通风分析

第七章 昙华林圣约瑟学堂

圣约瑟学堂位于崇福山街49—51号（原武昌候补街高家巷），这里早年曾是美国基督教圣公会开办的圣约瑟礼拜堂及附属学堂。

第一节　历史沿革

圣约瑟学堂历史沿革

时　间	事　件
1901年	在此兴办书报阅览室，名曰"日知会"。  图7-1　日知会旧址
1906年	刘静庵、张难先等在此组织反清革命团体"日知会"。
1919—1927年	教会在此开办圣约瑟学堂。
1927年6月26日	贺龙指挥的独立第十五师北伐攻占开封胜利返汉后，被安排驻扎在圣约瑟学堂；7月初，贺龙任职国民革命军第二十军军长，由此这里成为第二十军军部。
2005年2月21日	武汉市人民政府公布其为优秀历史建筑。

第二节　建筑概览

　　1901年，"日知会"在此建立，专门提供书报阅览。"日知会"一直以传播西方先进思想为宗旨，进行"推翻帝制，建立新中国"的宣传活动。"日知会"因此成为旧民主主义革命进程中必不可少的革命团体。"日知会"的革命人士为辛亥革命武昌起义奠定了成功的基础。之后，这里被扩建为圣约瑟学堂。

　　现在"圣约瑟堂"石雕门楣（门楼）、"日知会"当年的大门、院中的水井和韦隶华女士创办的图书馆、专业学校的老校舍都还保留完好。这是一个庭院式的建筑群，南面为圣约瑟学堂大门，东、北两面分别是三层和二层的楼房，都为砖结构，坡屋顶。该建筑造型简洁，极具传统特色，古朴而不失大气，具有一定的研究价值。

　　圣约瑟学堂照片详见图7-2至图7-11所示。

图7-2　鸟瞰图

图7-3　立面实景图

图7-4 窗

图7-5 入口

图7-6 窗

图7-7　内部透视

图7-8　内院透视

图7-9　街角透视

150

通风口

砖墙局部

木窗

屋顶

屋顶

窗户

室内门

图7-10　细节实景

踢脚

木门

台阶

砖墙局部

排水管

151

木窗

瓦片

屋檐

图7-11　细节实景

第三节　技术图则

　　依据建筑实测图纸，部分辅以三维建模，用技术图则方式解析圣约瑟学堂建筑的环境布局、平面布置、功能流线、围护结构、采光及通风等规划建筑诸元素。圣约瑟学堂技术图则详见图7-12至图7-33所示。

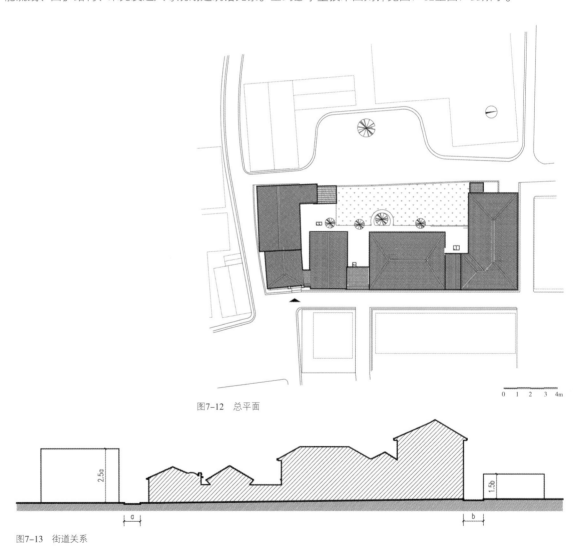

图7-12　总平面

0 1 2 3 4m

图7-13　街道关系

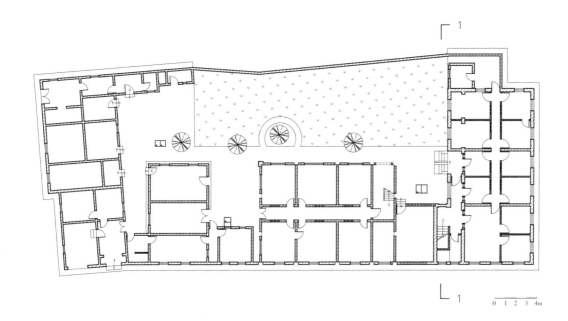

0 1 2 3 4m

图7-14 一层平面图

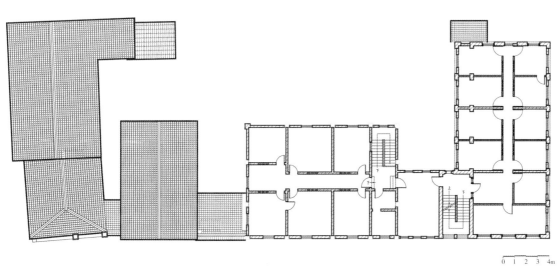

0 1 2 3 4m

图7-15 二层平面图

154

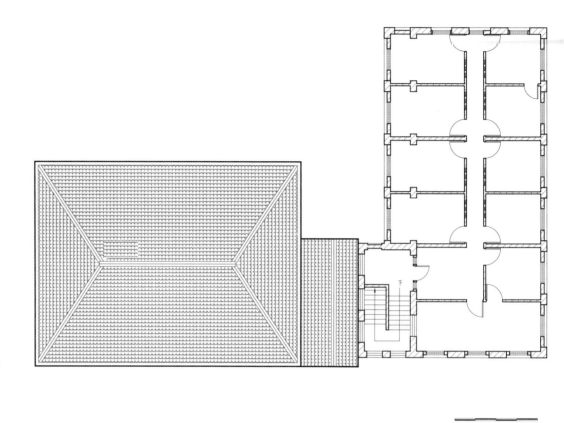

图7-16 三层平面图

0　1　2　3　4m

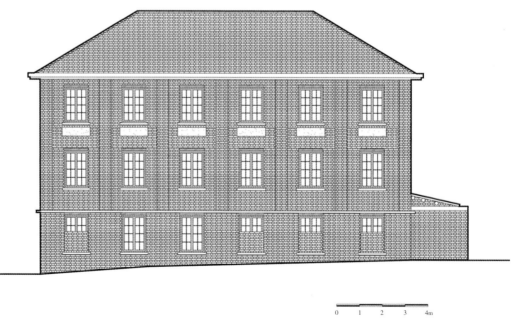

图7-17 立面图1

0　1　2　3　4m

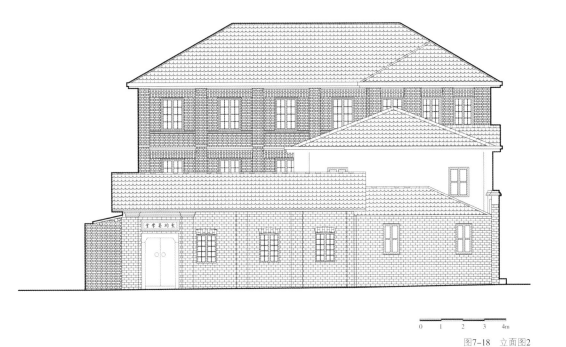

0 1 2 3 4m

图7-18 立面图2

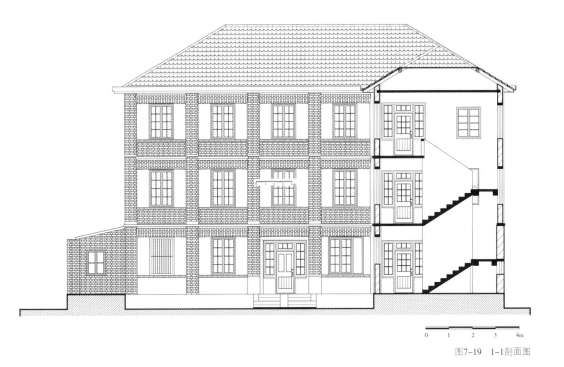

0 1 2 3 4m

图7-19 1-1剖面图

单元到整体

服务与被服务

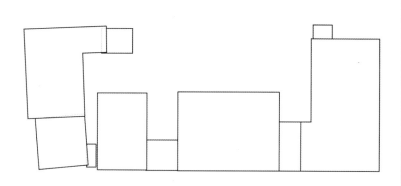

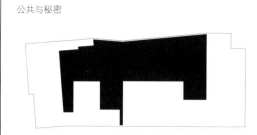

公共与秘密

图7-20 单元到整体、服务与被服务、公共与私密

基本构图

节点与核心

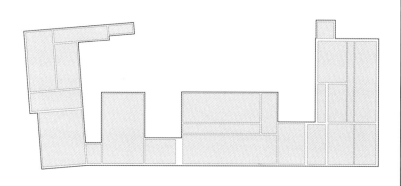

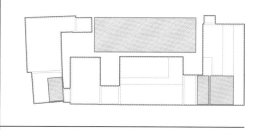

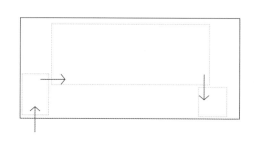

图7-21 基本构图、节点与核心

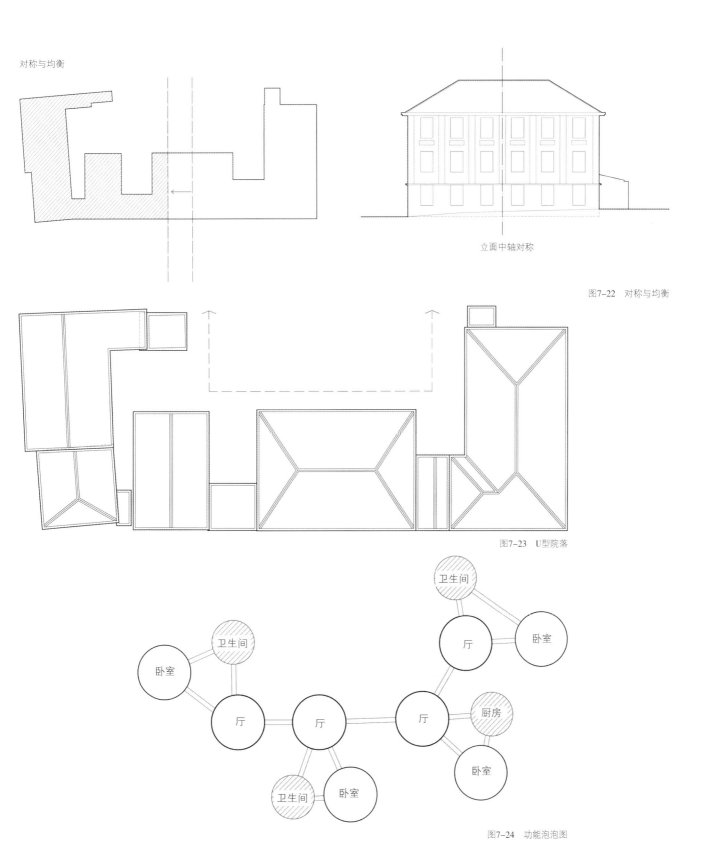

对称与均衡

立面中轴对称

图7-22 对称与均衡

图7-23 U型院落

图7-24 功能泡泡图

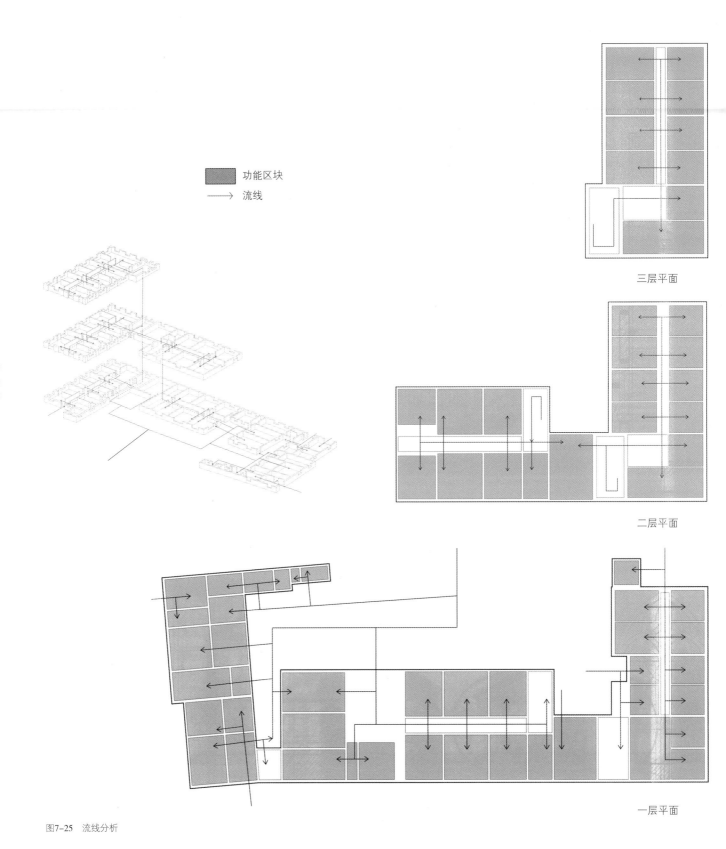

功能区块

→ 流线

三层平面

二层平面

一层平面

图7-25 流线分析

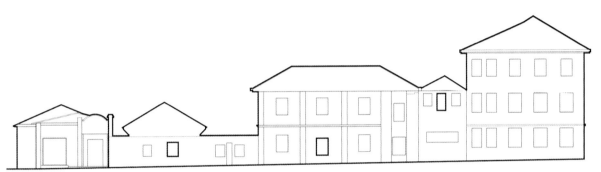

图7-26　重复与变化

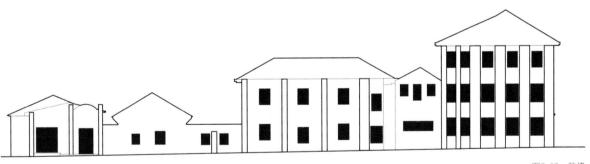

图7-27　韵律

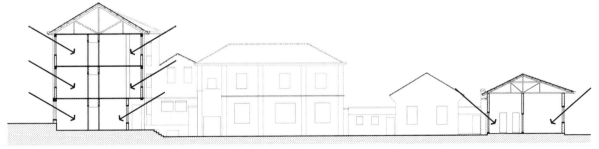

图7-28　采光分析

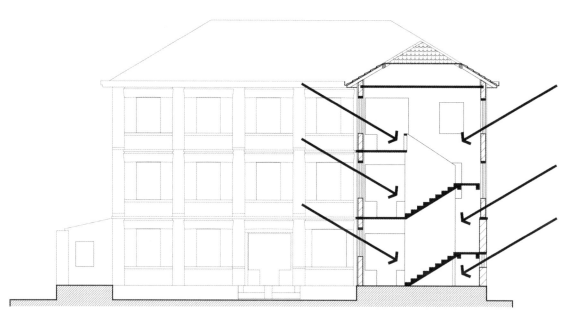

图7-29 采光分析

图7-30 视线分析

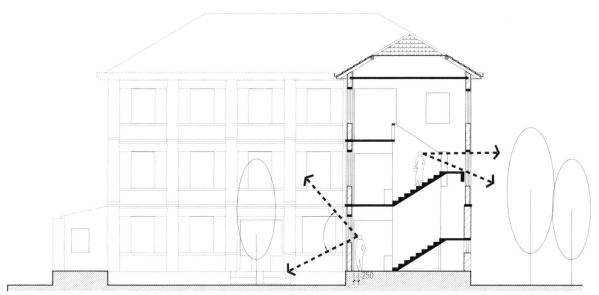

图7-31 视线分析

图7-32 通风分析

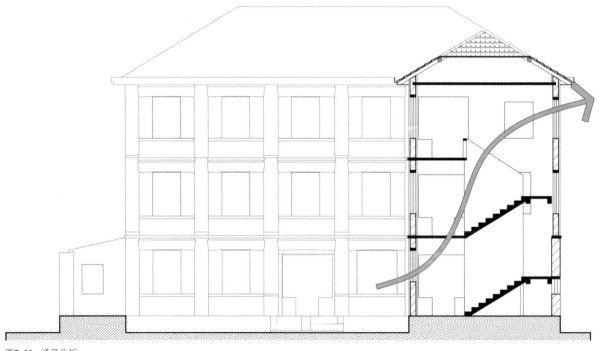

图7-33　通风分析

08

第八章

第八章 武汉中央军事政治学校旧址（原两湖书院）

武汉中央军事政治学校旧址位于武汉市武昌区解放路259号，湖北武昌实验小学院内，原为清末湖广总督张之洞创办的两湖书院所在地。旧址内共有五栋建筑，建筑总面积为1886.06m²。整体基本保存了原貌，古典气息十足，是武汉少有的清代高等学府建筑。

第一节 历史沿革

武汉中央军事政治学校旧址（原两湖书院）历史沿革

时间	事件
1890年	湖广总督张之洞在此开设了两湖书院。 图8-1 两湖书院时期学校实景照片（来源《大武汉旧影》）
1903年	更名为两湖大学堂。
1906年	更名为两湖总师范学堂。
1926年10月	筹办武汉中央军事政治学校武汉分校。
1927年2月	军校正式开学，学生3700余名，校长为蒋介石。
1927年3月	国民党二届三中全会决定改武汉分校为中央军事政治学校。
1927年5月	派陈毅到校担任中共党团书记，当时许多共产党人在此工作和学习。同年，"七·一五"反革命政变后，军校被迫解散。
1992年	武汉中央军事政治学校旧址被公布为湖北省文物保护单位。
2013年	武汉中央军事政治学校旧址被公布为第七批全国重点文物保护单位。

第二节　建筑概览

　　武汉中央军事政治学校旧址为清末时期的学宫式建筑群，横向排列，砖木结构，其建筑采用了中西结合的建造手法，其中四栋为单檐歇山式顶，并且有回廊环绕，面积较大。另一栋建筑较特殊，为典型的中式传统形式，单檐硬山顶且带前廊，面积较小。五栋建筑总面积为1886.06m²。武汉中央军事政治学校旧址现状照片详见图8-2至图8-15所示。

一、1、2、3、4号楼

图8-2　透视图

图8-3　正立面实景图

图8-4 侧立面实景图

图8-5 侧立面实景图

图8-6 梁柱

图8-7 门

图8-8 窗户

图8-9 柱础

二、5号楼

图8-10　透视图

图8-11　正立面实景图

图8-12　背立面实景图

图8-13　侧立面实景图

图8-14　梁枋

图8-15　窗户

第三节　技术图则

　　依据建筑实测图纸，部分辅以三维建模，用技术图则方式解析武汉中央军事政治学校旧址的环境布局、平面布置、功能流线、围护结构、采光及通风等规划建筑诸元素。武汉中央军事政治学校旧址技术图则详见图8-16至图8-53所示。

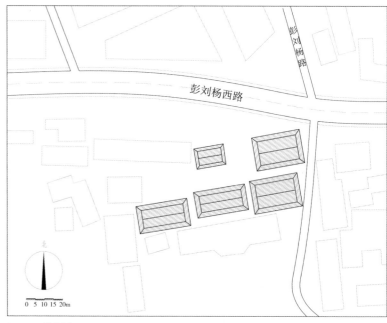

图8-16　总平面图

◆　图8-17：典型的"副阶周匝"式布局，建筑回廊在营造空间层次及性质上具有重要地位。

一、1号楼

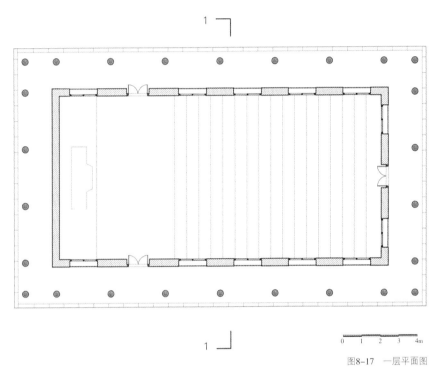

图8-17　一层平面图

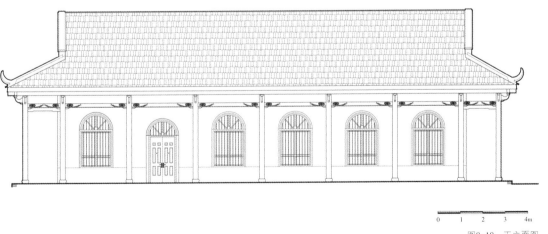

图8-18　正立面图

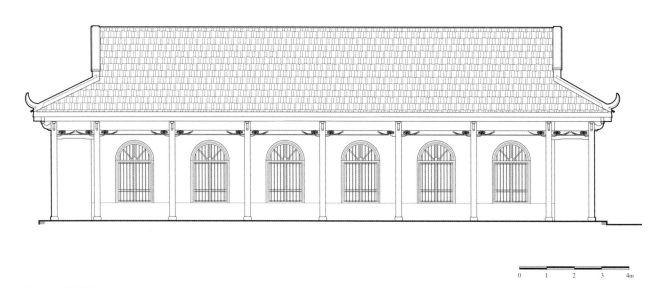

图8-19 背立面图

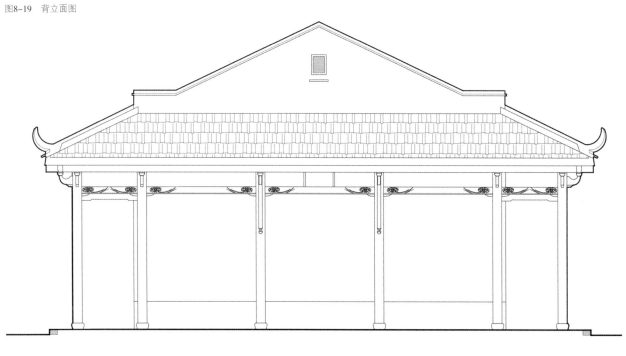

图8-20 侧立面图

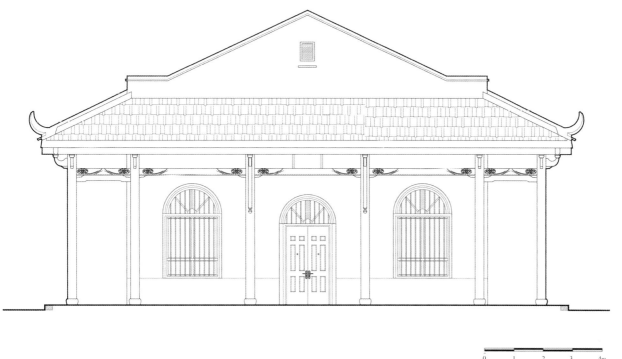

0 1 2 3 4m

图8-21 侧立面图

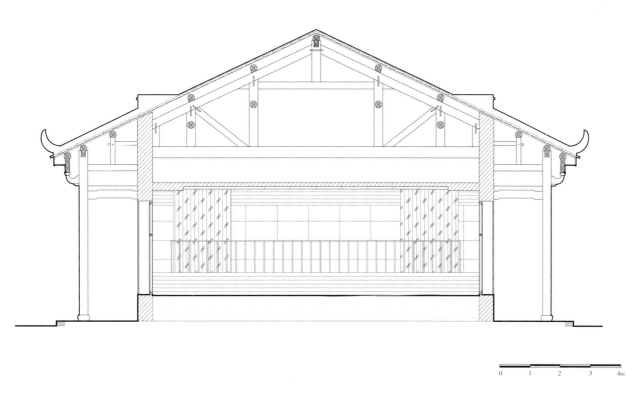

0 1 2 3 4m

图8-22 1-1剖面图

灰空间
剖面灰空间

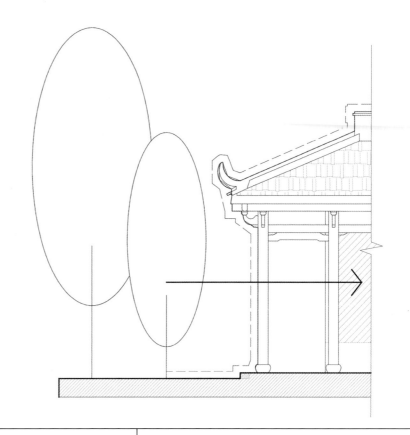

 灰空间

室内

灰空间
平面灰空间

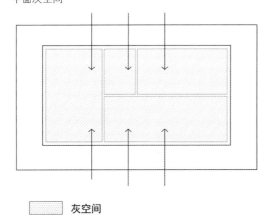

 灰空间

室内

单元到整体

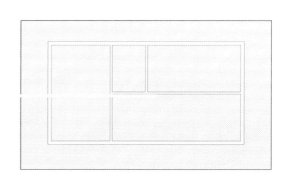

图8-23 灰空间、单元到整体

◆ 图8-23：典型的"副阶周匝"式
布局，建筑回廊在营造空间层次及性
质上具有重要地位。

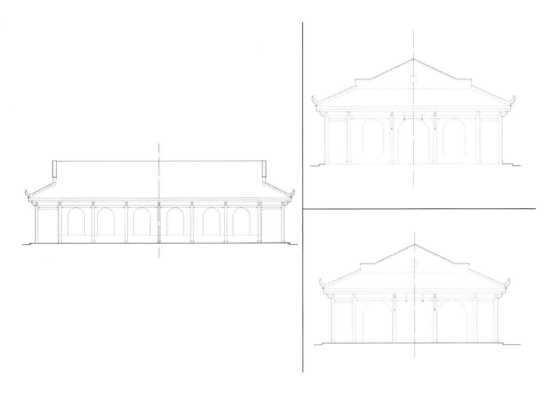

图8-24 立面对称

二、2号楼

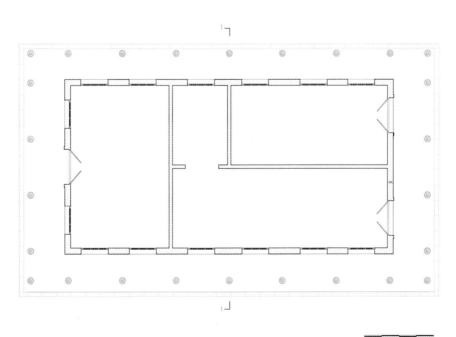

0　1　2　3　4m

图8-25 一层平面图

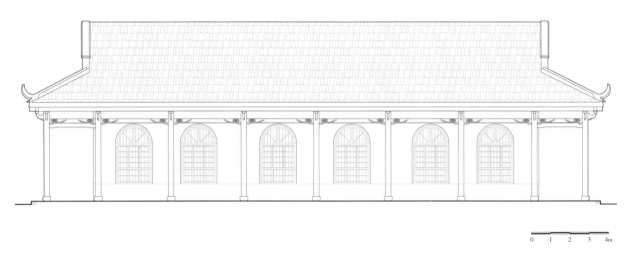

0 1 2 3 4m

图8-26 正立面图

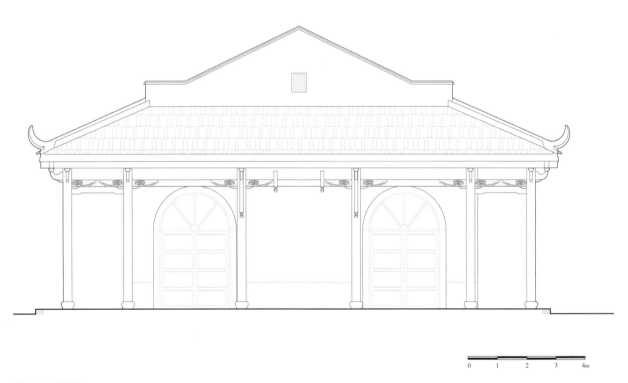

0 1 2 3 4m

图8-27 侧立面图

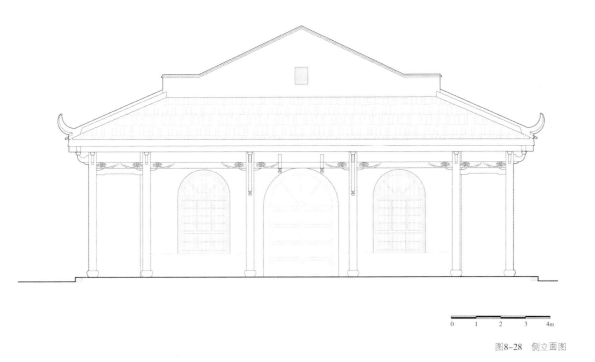

0 1 2 3 4m

图8-28 侧立面图

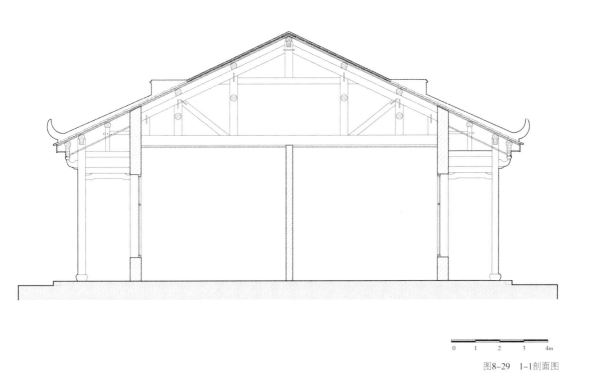

0 1 2 3 4m

图8-29 1-1剖面图

三、3号楼

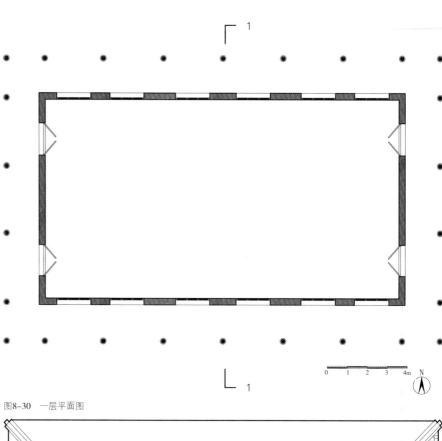

图8-30 一层平面图

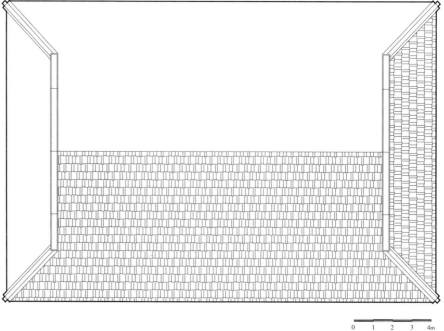

图8-31 屋顶平面图

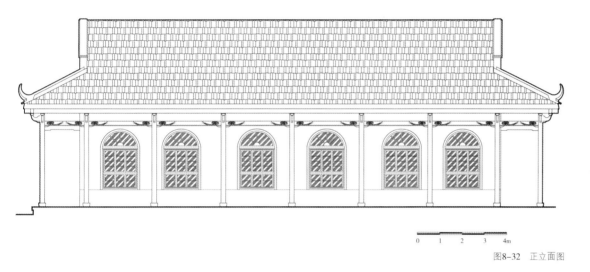

图8-32 正立面图

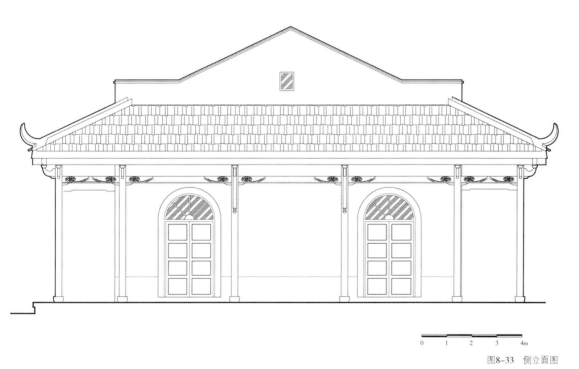

图8-33 侧立面图

180

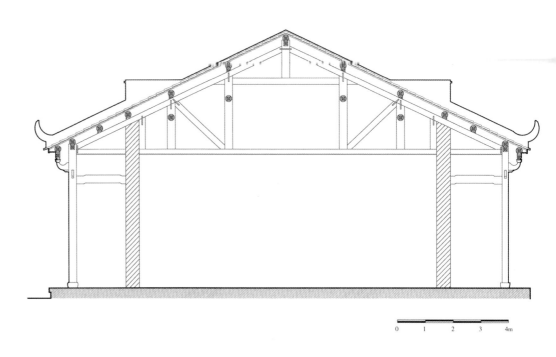

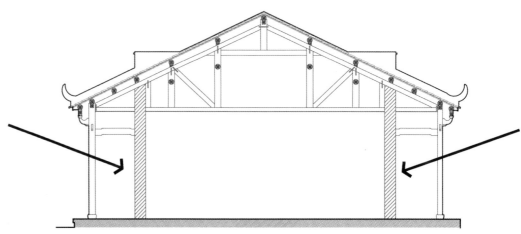

图8-35 采光分析

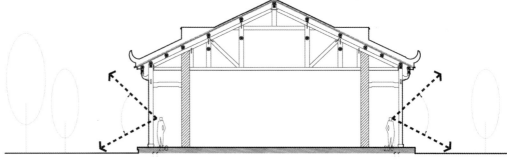

图8-36 视线分析

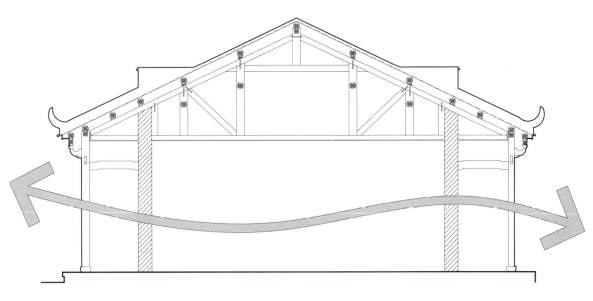

图8-37　通风分析

四、4号楼

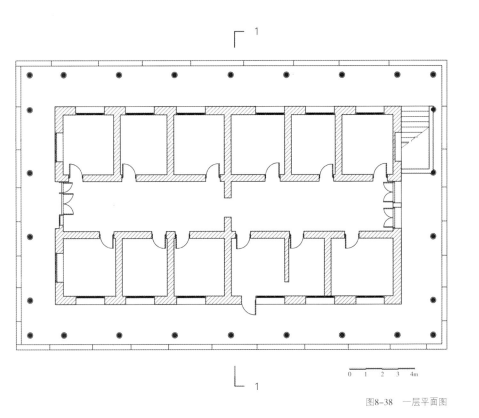

◆　图8-38，8-39：采用内廊式布局，在满足自然采光、通风的条件下，交通面积所占比例较单廊减少许多。

0　1　2　3　4m

图8-38　一层平面图

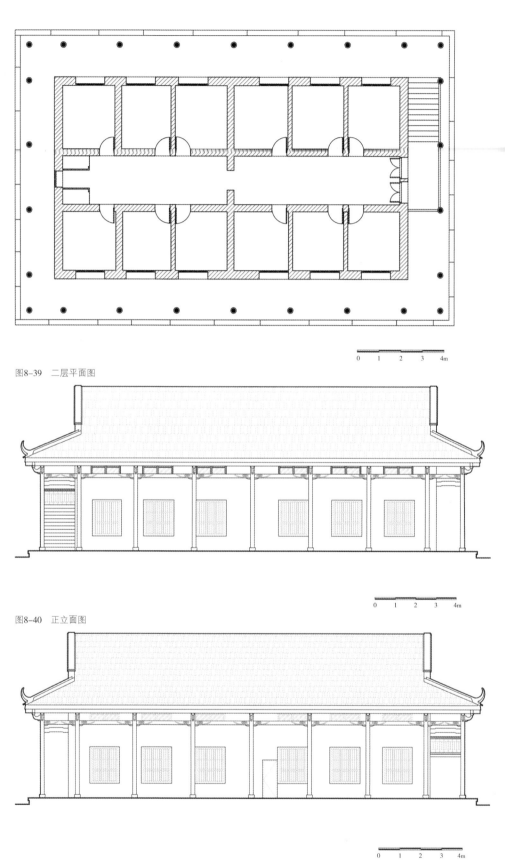

0 1 2 3 4m

图8-39 二层平面图

0 1 2 3 4m

图8-40 正立面图

0 1 2 3 4m

图8-41 背立面图

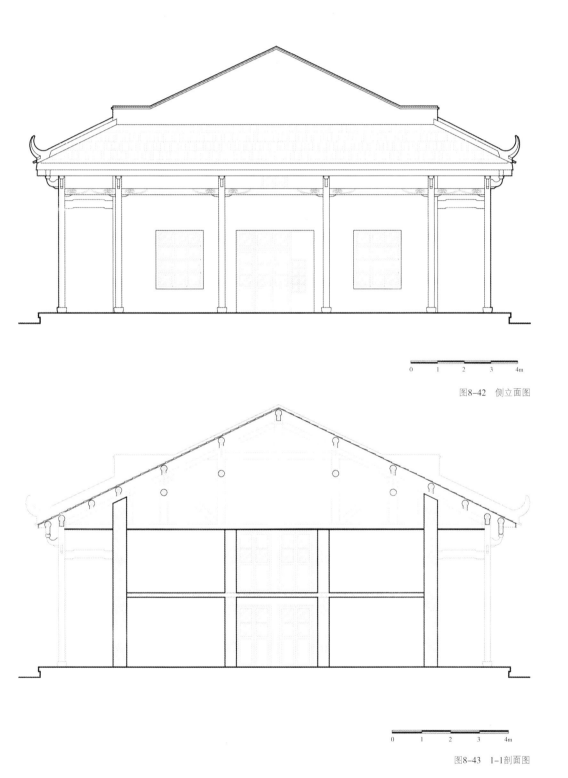

0　　1　　2　　3　　4m

图8-42　侧立面图

0　　1　　2　　3　　4m

图8-43　1-1剖面图

◆ 图8-44：采用简洁的单一几何形体（此例为黄金比例的矩形），并通过尺度与比例加以变化，是营造建筑形式美的主要手法之一。

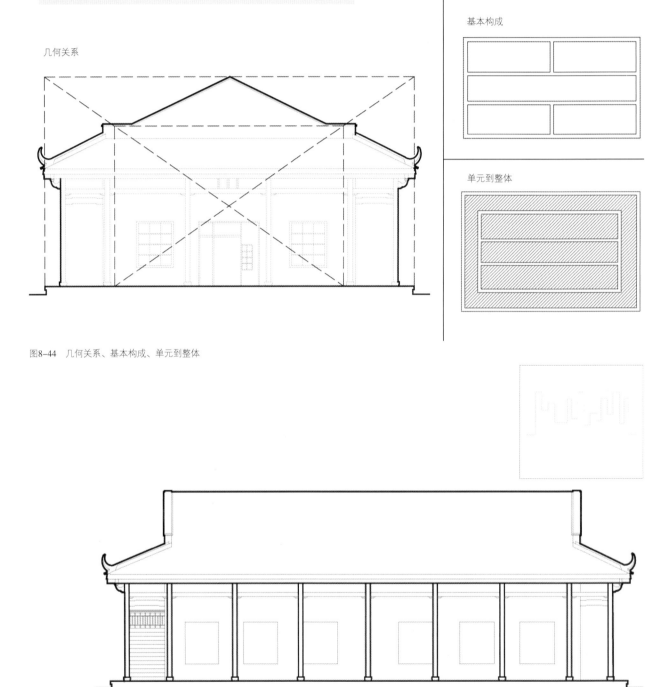

几何关系

基本构成

单元到整体

图8-44 几何关系、基本构成、单元到整体

图8-45 立面凹凸

图8-46　韵律

五、5号楼

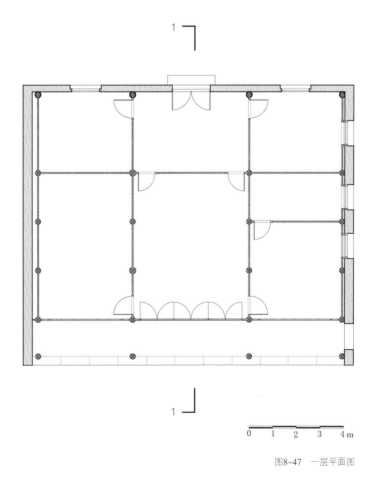

0　1　2　3　4 m

图8-47　一层平面图

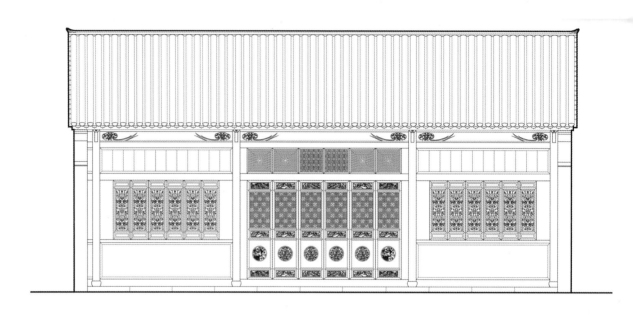

图8-48　正立面图

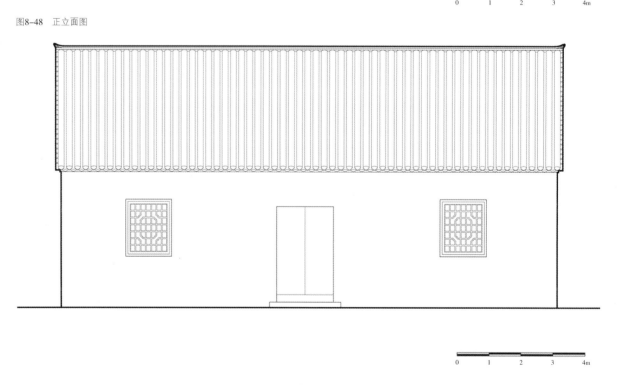

图8-49　背立面图

◆　图8-50：通过走廊在山墙处所开门洞与窗相互映衬，营造出建筑侧立面简洁且不失生趣的效果，这对于现今建筑设计常出现的乏味"侧立面"具有启示与借鉴作用。

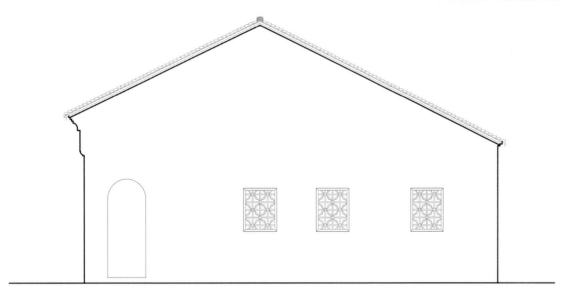

0　　1　　2　　3　　4m

图8-50　侧立面图

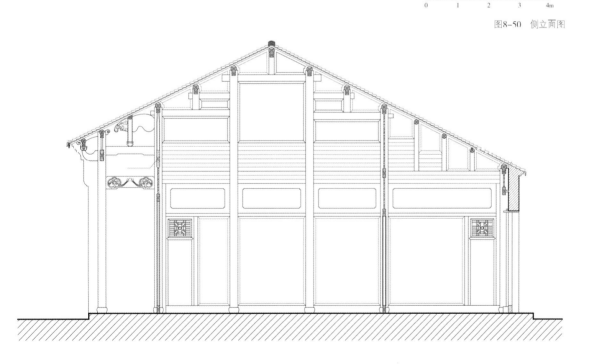

0　　1　　2　　3　　4m

图8-51　1-1剖面图

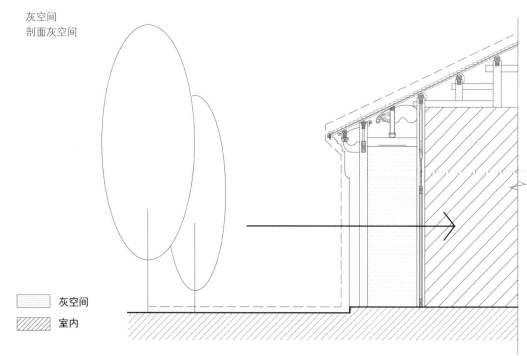

灰空间
剖面灰空间

灰空间
室内

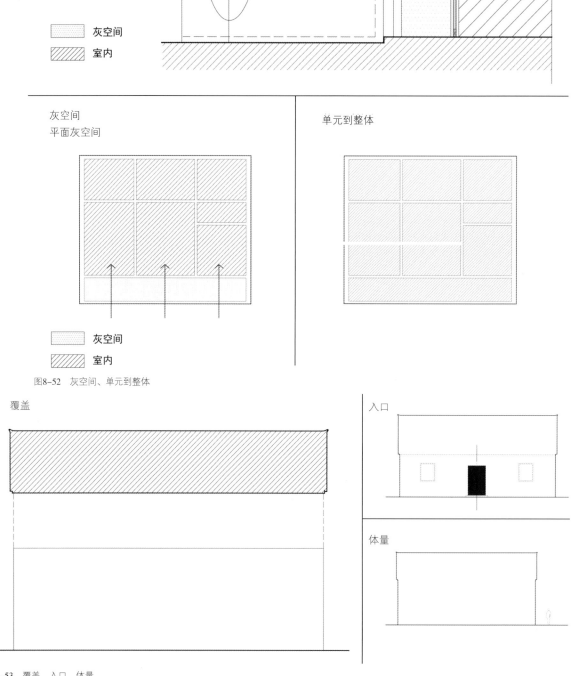

灰空间
平面灰空间

灰空间
室内

单元到整体

图8-52 灰空间、单元到整体

覆盖

入口

体量

图8-53 覆盖、入口、体量

09

第九章

第九章 武汉大学

武汉大学是一所历史悠久、底蕴深厚的百年名校，其历史最早可追溯至清末湖广总督张之洞于1893年创办的湖北自强学堂，原校址在武昌东厂口，现址在武汉市东湖湖畔珞珈山麓。校园建于1930—1935年，由美国建筑师凯恩斯设计，上海六合公司、汉协盛、袁瑞泰、永茂隆等营造厂施工。校园占地约213hm^2，校内山形起伏，环境优美。

第一节　历史沿革

武汉大学历史沿革

时 间	事 件
1893年11月29日	张之洞设立自强学堂。
1902年10月	自强学堂迁往武昌东厂口，改名方言学堂。
1913年	北洋政府教育部成立后，决定利用原方言学堂的校舍、图书、师资，改建国立武昌高等师范学校。
1923年9月	国立武昌高等师范学校改名国立武昌师范大学。
1924年	国立武昌师范大学改名为国立武昌大学。
1926年	国立武昌大学与国立武昌商科大学、湖北省立医科大学、湖北省立法科大学、湖北省立文科大学、私立武昌中华大学等合并为国立武昌中山大学。
1928年	南京国民政府以原国立武昌中山大学为基础，改建国立武汉大学。
1930年3月	国立武汉大学新校舍一期工程正式开工。
1932年	学校由武昌东厂口迁入珞珈山新校舍。 图9-1　武大建校之初的照片（来源《大武汉旧影》）
1938年	因武汉会战，农学院并入国立中央大学（1949年更名南京大学），国立武汉大学被迫西迁四川乐山继续办学。武汉沦陷后，日军将武大校园作为其中原司令部。
1949年	武汉解放，国立武汉大学更名为武汉大学，得以继续办学。
1966年	文化大革命爆发，武汉大学大批学者受到不同程度的迫害，武大再次受到沉重打击。之后在鄂西北襄阳隆中建立襄阳分校。
1970年	在湖北荆州地区建立沙洋分校。
1981年7月	刘道玉校长在校内大力开展与世界著名大学的合作交流，使武大迎来了文革后的第一个快速发展期。
2000年8月2日	武汉大学与武汉水利电力大学、武汉测绘科技大学、湖北医科大学合并组建新的武汉大学。
2001年2月13日	武汉大学正式进入中国"985工程"重点建设院校名单。

第二节　建筑概览

　　武汉大学的总体规划和单体建筑均由美国建筑师凯恩斯设计，他的设计充分融入中国传统建筑思想，中西元素相互渗透，独具特色，对地形的利用也十分巧妙。武汉大学规划的主要建筑包括文、法、理、工、农五个学院大楼和图书馆、体育馆、学生宿舍、教师宿舍、学生餐厅及俱乐部、实验室、工厂、校门牌楼等。校园占地213.33hm²左右，共30项工程68栋建筑。

　　武汉大学学生斋舍建造于1931年，建筑面积13773m²，四层砖混结构。学生斋舍的平面布局颇具特色。建筑充分利用地形起伏变化，为宿舍争取了良好的日照。设计师还将入口拱门上部升起一层，作为塔楼，起到引导的作用。斋舍可容纳1000人，单间尺寸3.3m×4.5m，使用面积13m²。学生斋舍有4个单元16个出入口，分别为"天地玄黄，宇宙洪荒，日月盈昃，辰宿列张"16个斋舍。

　　理学院建造于1931年，建筑面积10770m²，五层钢筋混凝土结构。这里原来为武汉大学科学会堂。建筑屋顶为穹隆顶，使这个建筑群在校园里显得十分独特。两侧分别为物理楼和化学楼，主要是实验教室、实验室和教学办公用房，三部分以廊联系构成整体。

　　工学院建造于1936年，建筑面积8140m²，四层钢筋混凝土框架结构。这里现在为武汉大学行政楼。建筑有通道直接进入底层展厅。通过数十级台阶进入主入口，建筑为内环回廊布置，中庭较高。群房为办公用房，主楼为教学用房。建筑主楼采用二层重檐四坡玻璃屋顶，方形平面，为传统中国形制，贯彻了中国传统建筑美学思想。

　　体育馆建造于1936年，建筑面积2748m²，四层钢筋混凝土框架三拱钢架结构。主要建筑材料采用钢筋混凝土梁、柱，屋顶则采用了三铰拱钢架结构。屋顶为三重檐歇山，上铺设绿色琉璃瓦。既体现出现代新型建筑技术的高超又保持和发扬了中国传统建筑的特色，并为体育项目创造了良好的活动空间和采光通风条件。体育馆侧墙为框架结构，山墙则取巴洛克式，实属典型的"中西合璧"式建筑。

　　武汉大学的照片详见图9-2至图9-30所示。

图9-2 武汉大学择址依山傍水

图9-3 学生斋舍透视图

图9-4 学生斋舍局部透视图1

图9-6 学生斋舍局部透视图3

图9-5 学生斋舍局部透视图2

图9-7 理学院透视图

图9-8 理学院侧立面

图9-9 理学院北立面

◆ 图9-10：尽管整体建筑群布局以及建筑单体外观上采用西式规划及建筑手法，然而在建筑细部上，如屋顶、形制、门窗及连廊等有浓厚的传统元素印记与审美趣味，这可以说是武汉近代建筑的突出特色之一。（此例比拟中国园林之"漏窗"）

图9-10　理学院窗户

图9-11　理学院教室门

图9-12　理学院教室内部

图9-13 理学院连廊

图9-14 工学院透视图

图9-15 顶棚

图9-16 屋檐

图9-17 踏步

图9-18 副楼

198

图9-19 侧门

图9-20 屋顶

图9-21 宋卿体育馆透视图

图9-22　西立面图

图9-24　内部空间

图9-23　局部透视

图9-25 内部走道   图9-26 景观节点1

图9-27 景观节点2

图9-28　理学院墙壁内嵌石刻　　　　　　　　　　　　　　　　　　　　　　图9-29　理学院墙壁内嵌石刻

图9-30　工学院墙壁内嵌石刻

第三节 技术图则

依据建筑实测图纸，部分辅以三维建模，用技术图则方式解析武汉大学规划与建筑的环境布局、平面布置、功能流线、围护结构、采光及通风等规划建筑诸元素。

武汉大学技术图则详见图9-31至图9-69所示。

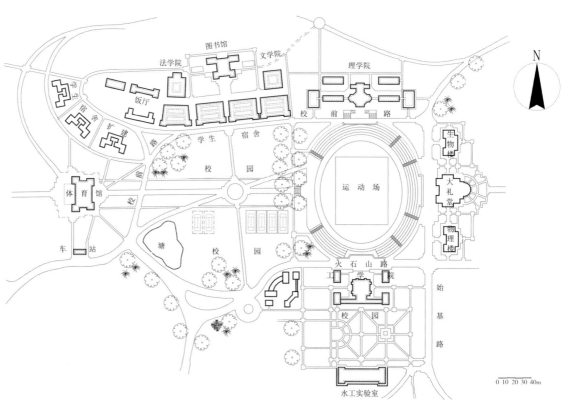

图9-31 总平面图

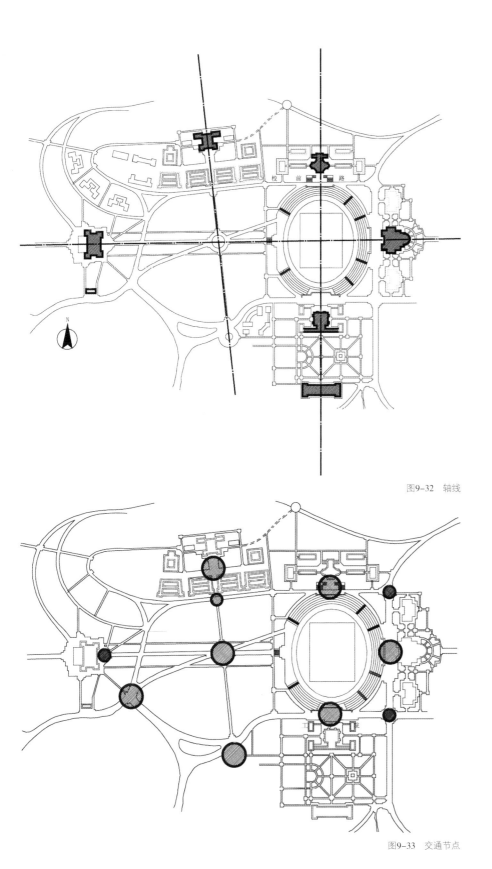

图9-32　轴线

图9-33　交通节点

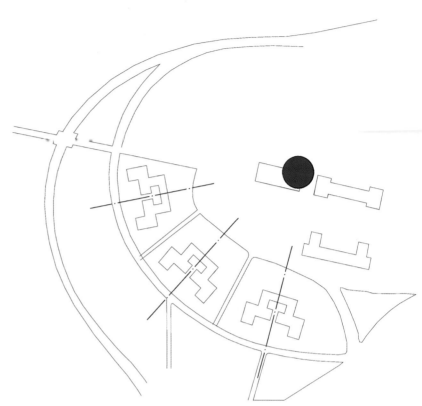

图9-34　局部规划分析1

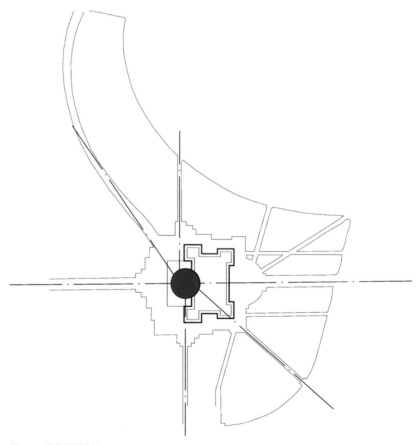

图9-35　局部规划分析2

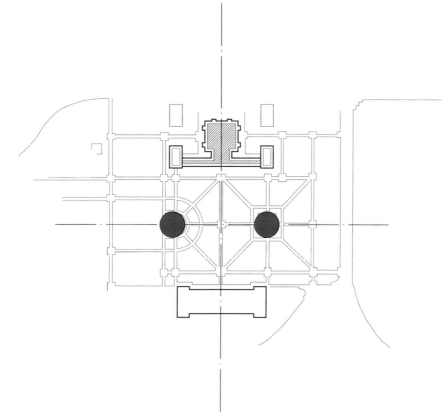

图9-36 局部规划分析3

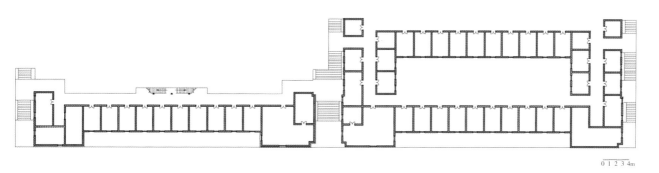

图9-37 学生斋舍二层平面图

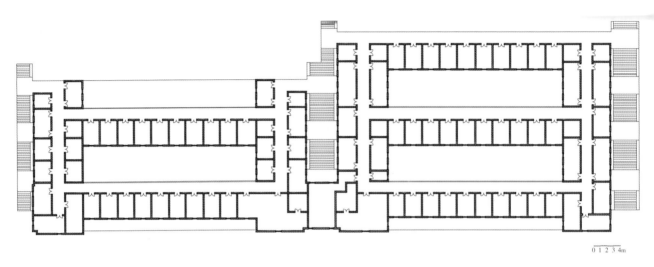

图9-38　学生斋舍三层平面图

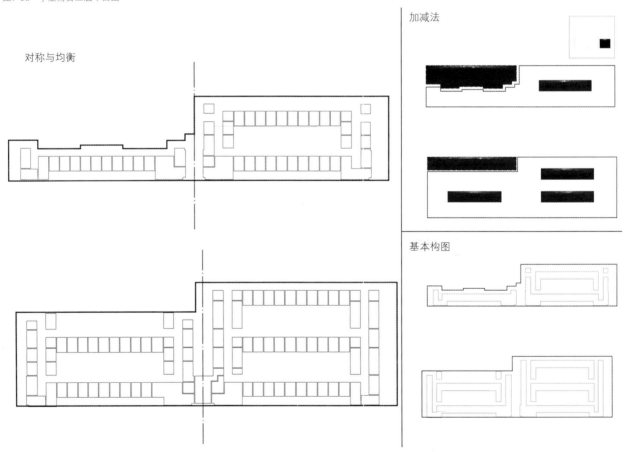

图9-39　对称与均衡、加减法、基本构图

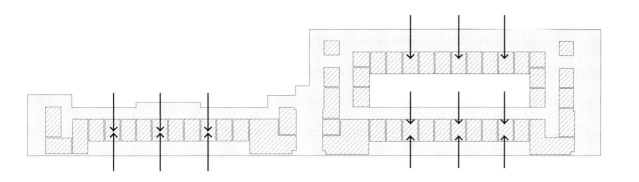

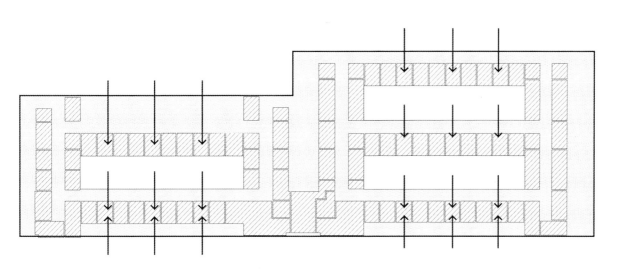

灰空间

室内

图9-40　灰空间

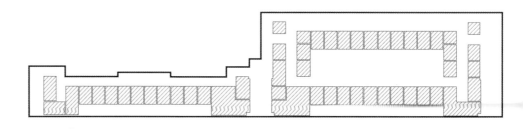

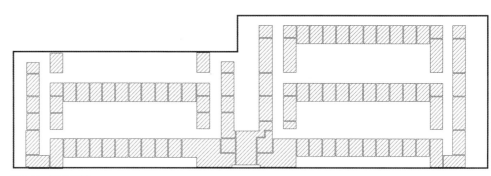

图9-41 单元到整体

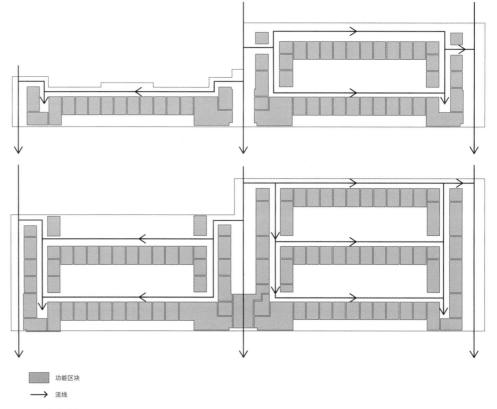

功能区块

→ 流线

图9-42 流线分析

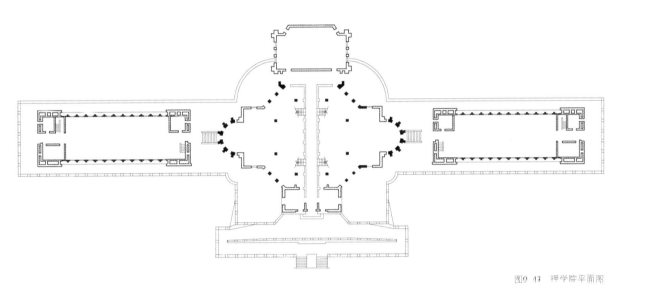

图9-43　理学院平面图

基本构图

等级关系

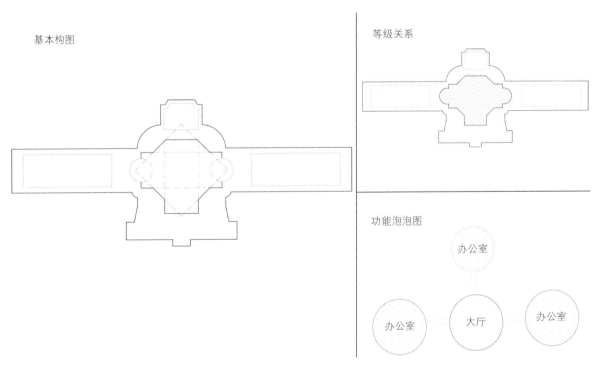

功能泡泡图

办公室

办公室　　大厅　　办公室

图9-44　基本构图、等级关系、功能泡泡图

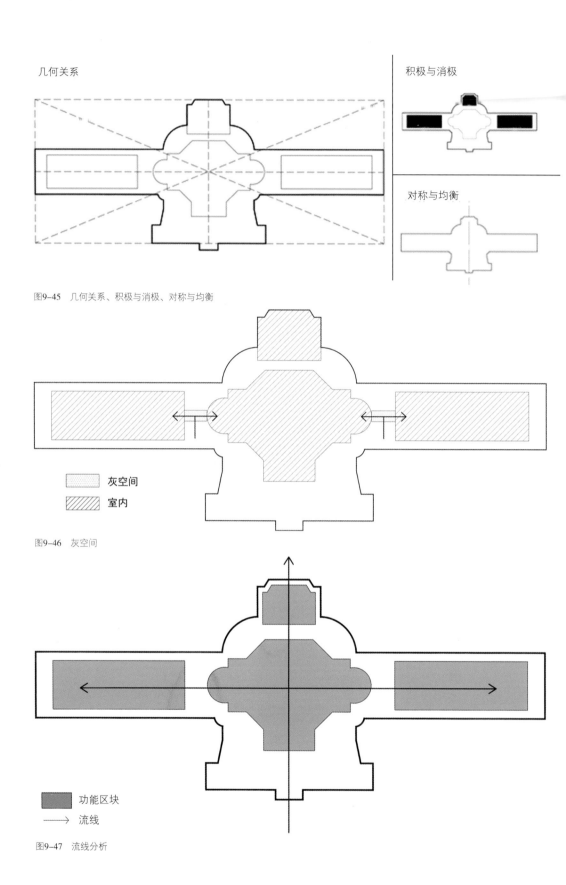

几何关系

积极与消极

对称与均衡

图9-45　几何关系、积极与消极、对称与均衡

灰空间
室内

图9-46　灰空间

功能区块
流线

图9-47　流线分析

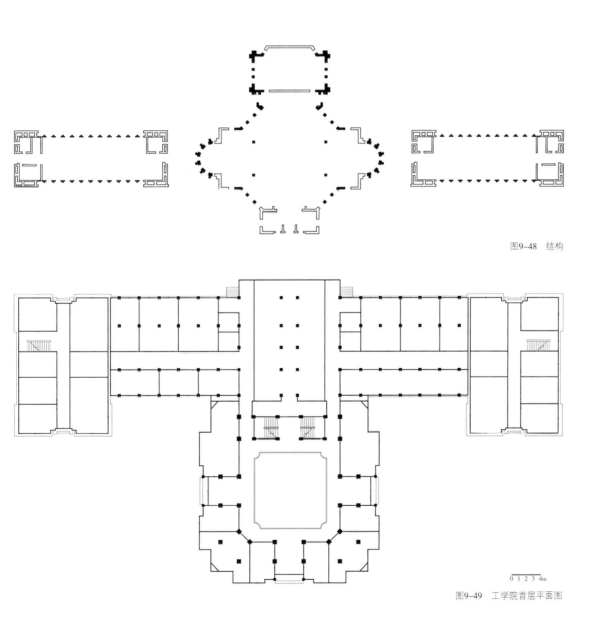

图9-48　结构

0 1 2 3 4m

图9-49　工学院首层平面图

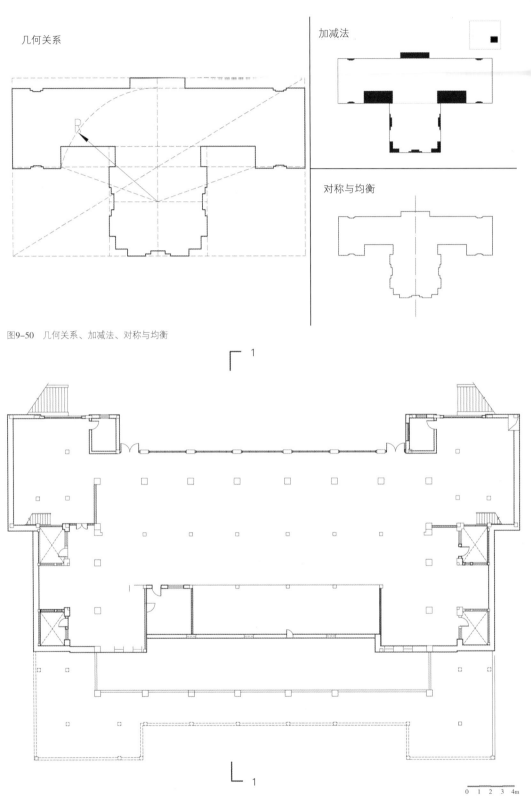

几何关系

加减法

对称与均衡

图9-50 几何关系、加减法、对称与均衡

图9-51 宋卿体育馆地下一层平面图

0 1 2 3 4m

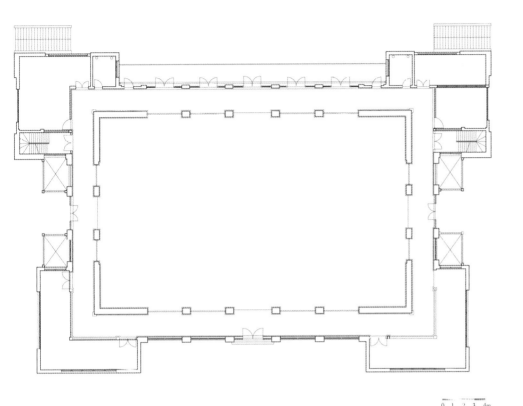

0 1 2 3 4m

图9-52　一层平面图

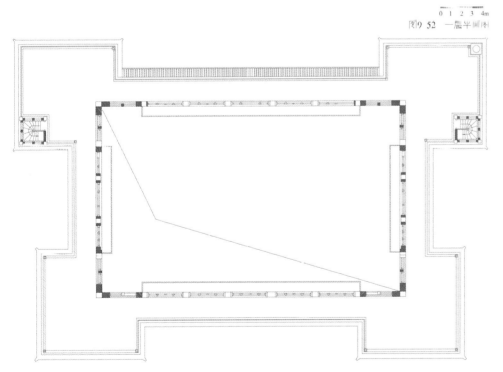

0 1 2 3 4m

图9-53　二层平面图

214

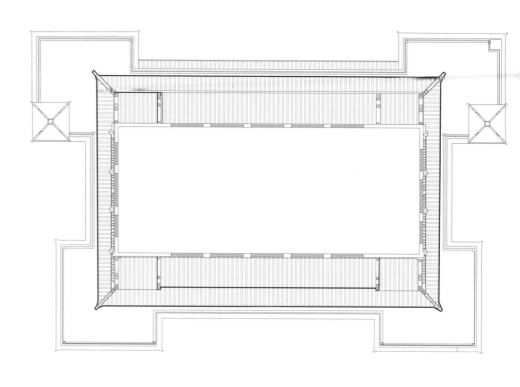

图9-54 一重檐平面图

0 1 2 3 4m

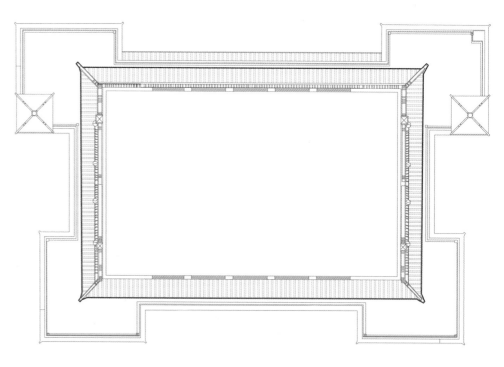

图9-55 二重檐平面图

0 1 2 3 4m

◆　图9-61：在对称与均衡上，中国传统思想与西方古典主义思潮是相通的。

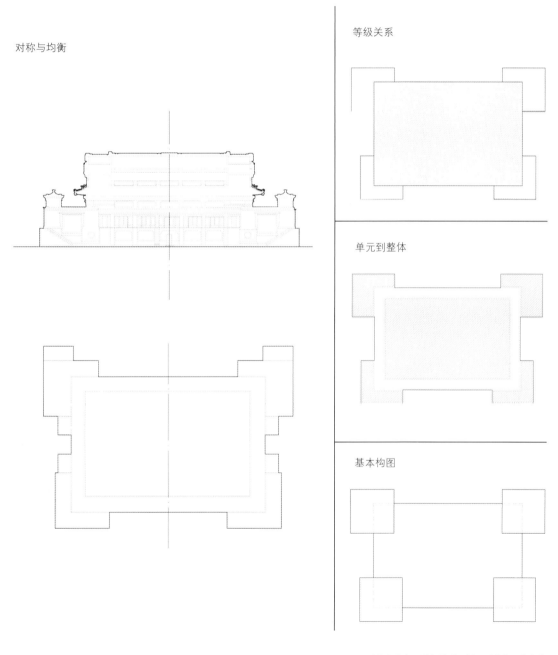

对称与均衡

等级关系

单元到整体

基本构图

图9-61　对称与均衡、等级关系、单元到整体、基本构图

灰空间

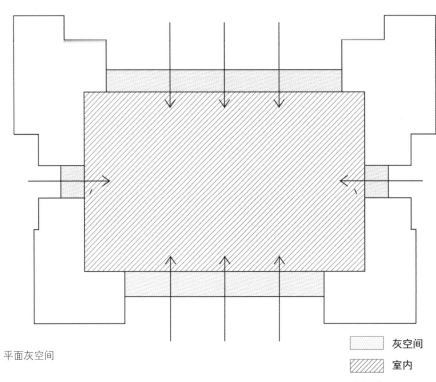

平面灰空间

灰空间

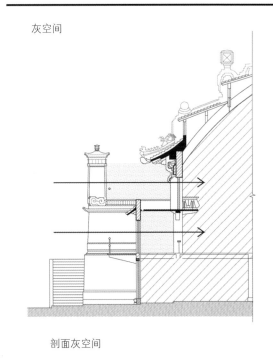

剖面灰空间

服务与被服务

公共与私密

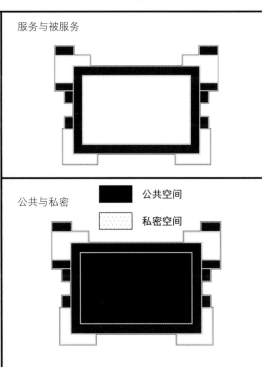

图9-62 灰空间、服务与被服务、公共与私密

体量

覆盖

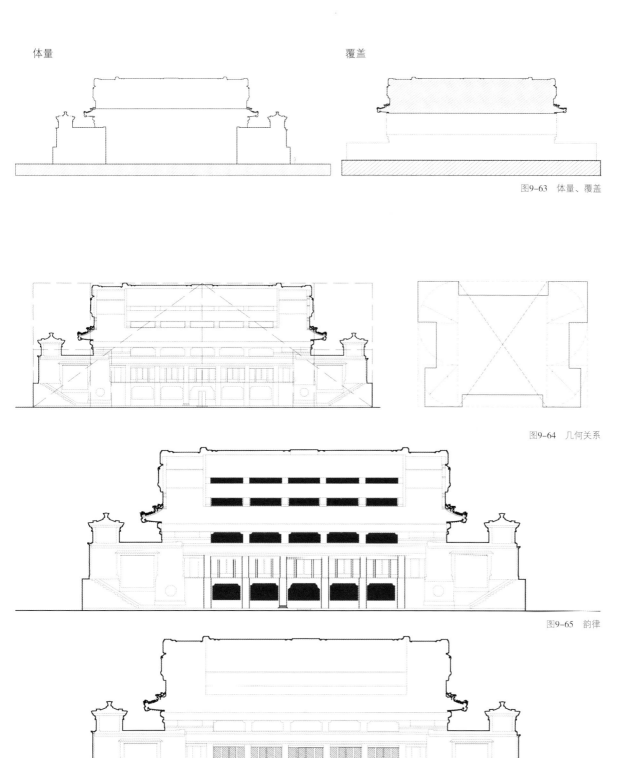

图9-63　体量、覆盖

图9-64　几何关系

图9-65　韵律

图9-66　重复与变化

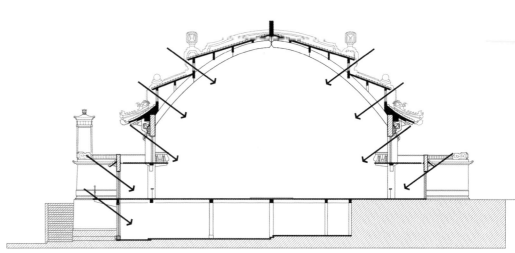

图9-67 采光分析

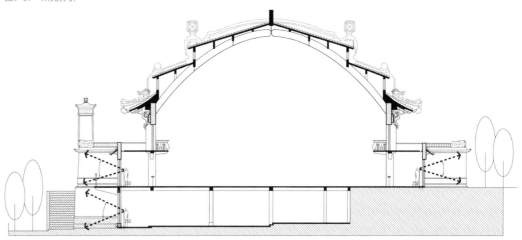

图9-68 最佳视线分析

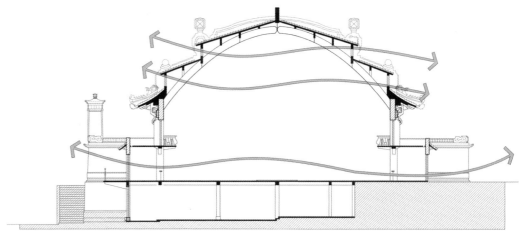

图9-69 通风

附录：武汉近代教育建筑年表

图例	名称	地点	说明	年代
	文华大学圣诞堂	湖北中医药大学昙华林校区内	1870年建成，由美国基督教圣公会建造，建筑面积533m²。1958年，圣诞堂停止宗教活动。现产权属省中医院，为医院俱乐部礼堂。	清朝
	昙华林真理中学	武昌昙华林115号	1890年建成，位于昙华林115号，创建者为瑞典基督教行道会。1895年这里成为了仁济医院的附属病房。19世纪初这里归华中大学（今华中师范大学）所有。之后一直在坚持办学，直到华中师范大学迁址到桂子山，这里便留下来作为老教师的宿舍。	清朝
	方言学堂	武昌东厂口	1902年建成，由张之洞创办，校址位于武昌东厂口，是武汉大学的前身之一。1889年张之洞创办了两湖书院，之后又提出了创办方言商务学堂的计划。1893年创办了自强学堂，1902年自强学堂由三佛阁迁至东厂口，同时改名为方言学堂。	清朝

续附表1

图例	名称	地点	说明	年代
	博学中学	湖北省武汉市硚口区解放大道 347号	学校自 1896 年由英国基督教伦敦会传教士杨格非（Griffith John）创办以来，至今已有 120 年历史。建设初期的博学书院是汉口第一所集大学、中学、师范、经学为一身的综合性学校，又名"杨格非学院"，也就是现在的武汉四中·博学中学的前身。	清朝
	北路学堂	武昌区红巷13号	1904年建成，由张之洞创办，后分别为甲种商业学校和高等商业学校校址，校址位于武昌区中华路都府堤13号。1926年，毛泽东同志利用空出的高商校址作为武昌中央农民运动讲习所所址。	清朝
	文华大学文学院	湖北中医药大学昙华林校区内	1901年建成，两层砖木结构，建筑面积1256m²，曾维修过，但建筑结构没有发生改变。现用作湖北中医药大学教学楼。	清朝
	文华大学法学院	湖北中医药大学昙华林校区内	1915年建成，两层砖木结构，总建筑面积1006m²，曾维修过，但建筑结构没有发生改变。现为湖北中医药大学教学楼。	民国

续附表1

图例	名称	地点	说明	年代
	国立武昌高等师范学校附属小学	武昌区都府堤街20号	1918年建成，位于湖北省武汉市武昌区都府堤街20号，是武汉市重要的革命旧址。1913年，辛亥革命后，北洋政府以方言学堂为基础，建立国立武昌高等师范学校。1918年，又创办了国立武昌高等师范学校附属小学。	民国
	翟雅各健身所	湖北中医药大学昙华林校区内	1921年建成，两层砖混结构，总建筑面积996m²。该建筑的建筑风格与建筑结构十分独特，是武汉市现存最早的三座体育馆之一。	民国
	昙华林圣约瑟学堂	武昌崇福山街49—51号	创办于1919年，1919年开始建设，位于崇福山街49—51号（原武昌候补街高家巷），这里早年曾是美国基督教圣公会开办的圣约瑟礼拜堂及附属学堂。1901年"日知会"在此建立，专门提供书报阅览。之后刘静庵、张难先等在此组织反清革命团体"日知会"。1919—1927年，教会在此开办圣约瑟学堂。	民国
	武汉中央军事政治学校旧址	武昌区解放路259号	创办成立于1927年，位于武汉市武昌区解放路259号，湖北武昌实验小学院内，这里原为清末湖广总督张之洞创办的两湖书院所在地。1926年10月，中国共产党和国民党左派创建了武汉中央军事政治学校武汉分校。1927年，学校更名为中央军事政治学校，取消了分校名称。	民国

224

续附表1

图例	名称	地点	说明	年代
	武汉大学学生斋舍	武汉大学内	1931年建成，设计者为美国建筑师凯恩斯，建筑面积13773 m^2，四层砖混结构。现为武汉大学学生宿舍。	民国
	武汉大学理学院	武汉大学内	1931年建成，设计者为美国建筑师凯恩斯，建筑面积10770m^2，五层钢筋混凝土结构。这里原来为武汉大学科学会堂。	民国
	武汉大学工学院	武汉大学内	1936年建成，设计者为美国建筑师凯恩斯，建筑面积8140 m^2，四层钢筋混凝土框架结构。这里现为武汉大学行政楼。	民国
	宋卿体育馆	武汉大学内	1936年建成，设计者为美国建筑师凯恩斯，建筑面积2748m^2。现为武汉大学体育馆。	民国

参考文献

1. 章开沅，张正明，罗福惠. 湖北通史：晚清卷［M］. 武汉：华中师范大学出版社，1999.

2. 湖北省地方志编纂委员会. 湖北通志［M］. 武汉：湖北人民出版社，1994.

3. （清）王会厘. 问津院志［M］. 1905（清光绪三十一年）.

4. 刘元. 问津书院对湖北地方文化的影响［J］. 湖北大学学报（哲学社会科学版），2012
（5）：46-50.

5. 徐宇甦，梁文会. 问津书院空间形态研究［J］. 城市建筑，2014（23）：74-75.

6. 李传义，张复合. 中国近代建筑总览：武汉篇［M］. 北京：中国建筑工业出版社，1998.

7. 武汉地方志编纂委员会. 武汉市志：社会志［M］. 武汉：武汉大学出版社，1997.

8. 武汉地方志编纂委员会. 武汉市志：城市建设志［M］. 武汉：武汉大学出版社，1996.

9. 武汉市地名委员会. 武汉地名志［M］. 武汉：武汉出版社，1990.

10. 张娜. 武昌文华大学建筑风格研究［J］. 华中建筑，2012（5）：122-125.

11. 李星，张帆，刘虎成. 翟雅各到昙华林来寻根［J］. 大武汉，2015（8）：54-56.

12. 李权时，皮明庥. 武汉通览［M］. 武汉：武汉出版社，1988.

13. 涂勇. 武汉历史建筑要览［M］. 武汉：湖北人民出版社，2002.

14. 李百浩，张涴. 武昌昙华林街区及近代建筑初探［A］//2004年中国近代建筑史研讨会论文
集［C］. 北京：清华大学出版社，2004.

15. 李新. 湖北方言学堂毕业凭照［J］. 武汉文史资料，2014（12）：18-21.

16. 冯天瑜. 作始也简，其成也巨：武汉大学校史前段管窥［J］. 武汉大学学报（人文科学版），2013（6）：5-11.

17. 左松涛. 清末学堂师长与辛亥革命：以自强学堂为中心［J］. 武汉大学学报（人文科学版），2011（4）：67-72.

18. 冯天瑜，陈锋. 张之洞与中国近代［M］. 北京：中国社会科学出版社，2010.

19. 王磊，王传清. 湖北高等教育发展的多个"第一"［J］. 党员生活（湖北），2014（4）：113.

20. 陈劲. 武昌古城红色旅游区保护与复兴探析［J］. 中国名城，2013（10）：56-60.

21. 湖北·武汉·武昌中央农民运动讲习所旧址纪念馆［J］. 中国火炬，2006（12）：29.

22. 恽代英何时入湖北北路高等小学堂［J］. 华中师范大学学报（人文社会科学版），1985（2）：109.

23. 周斌. 中共五大会址纪念馆建馆始末［J］. 武汉文史资料，2010（1）：8.

24. 湖北省建设厅. 湖北近代建筑［M］. 北京：中国建筑工业出版社，2005.

25. 郑波，喻梅笑. 传承百年薪火 展示名校风采：访武汉大学第一附属小学校长衡斌［J］. 成功（教育），2009（2）：3-5.

26. 武汉大学第一附属小学［J］. 党政干部论坛，2007（12）：51.

27. 武昌崇福山街41号圣约瑟学堂：贺龙在武汉下定决心跟党走［N］. 武汉晨报，2011-6-26（8）.

28. 傅方煜. 武汉昙华林近代多元化历史街区考察和保护研究［A］// 2006年中国近代建筑史国际研讨会论文集［C］. 北京：中国建筑工业出版社，2006.

29. 武汉市武昌区地方志编纂委员会. 武昌区志［M］. 武汉：武汉出版社，2008.

30. 汪义晓. "是几时孟光接了梁鸿案"——武汉音乐学院历史沿革及地缘、行政隶属、人文资源考［J］. 黄钟（武汉音乐学院学报），2008（1）：146-157.

31. 谈笑. 两湖书院：百年学堂不再朗朗书声依旧［J］. 大武汉，2012（19）.

32. 朱峙三. 两湖总师范学堂概况［J］. 湖北教育史志资料，1987（6）：33.

33. 张光宇. 武汉中央军事政治学校［M］. 武汉：湖北人民出版社，1987.

34. 刘明钢. 大革命时期的武汉中央军事政治学校［J］. 武汉文博，2014（4）：56-59.

35. 林德一，霍文达. 第一次国共合作时的武汉中央军事政治学校 [J]. 中南民族大学学报（人文社会科学版），1986（3）：101-104.

36. 皮明庥. 近代武汉城市史 [M]. 北京：中国社会科学出版社，1993.

37. 李传义，张复合，村松伸，等. 中国近代建筑总览：武汉篇 [M]. 北京：中国建筑工业出版社，1992.

38. 童乔慧，李聪. 武汉大学早期建筑："十八栋"的建筑特征及其文物价值 [J]. 建筑与文化，2014（1）：84-85.

39. 李欣，宋立文. 建筑设计基础中建造环节的分解与整合：以台湾淡江大学和武汉大学为例 [J].新建筑，2014（2）：116-119.

40. 曹莉，丁援. 山水间的人文气象——武汉大学早期建筑 [J]. 中国文化遗产，2014（1）：28-36.

2015年武汉社科基金《文化武汉·武汉近代教育建筑研究》批准号：15015